原來這麼簡單！只要

就能完成專屬自己的
鉤織毛線娃娃

前 言

「毛線娃娃」是一種大家都能輕鬆完成的手作工藝，
就連不擅長鉤織技巧的人，也能做出可愛的作品。

只要跟著本書所安排的架構，從製作毛線娃娃的前置階段「鉤織基本技巧」開始，
依序學習 LESSON 1 ～ 7 的內容，就能做出各種款式的毛線娃娃。

本書不僅能幫助剛開始接觸毛線娃娃的鉤織新手，
無障礙地跨出第一步，同時也收錄了許多想要告訴資深玩家的鉤織重點。

我會盡可能在毛線娃娃的基礎製作過程中，
加入「多這一步驟就更好了」與「講究細節的話，可以這樣做喔」等小訣竅。

衷心期盼藉由這本書，
能讓大家創造出更豐富多元的毛線娃娃，並從中獲得樂趣。

いちかわみゆき
（ICHIKAWAMIYUKI）

CONTENTS

INDEX

基本技法

本書中標題或紅字所標示的技巧，皆可依照以下指引參閱相關內容。

※ 為了清楚辨識，書中作法說明處所使用的線材會與實際作品有所差異。

◇◇◇◇ 工具與材料

本篇介紹製作毛線娃娃時必備的基本工具與材料。

鉤針

用尾端呈現鉤狀的針頭鉤起線材進行鉤織。鉤針號碼的數字越大，鉤針就越粗。詳細內容請參閱 P.8。

毛線縫針

針尖為較鈍的圓頭狀，可以穿過毛線，將娃娃各部位接縫在一起。本書也會使用毛線縫針做刺繡，繡出娃娃的眼睛、鼻子等部位。

鉤織專用珠針

用於暫時固定各個部位以輔助接合，也可以用來設定眼睛、鼻子的位置。

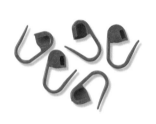

剪刀

用於剪斷線材。建議挑選靈活好用又好剪的小剪刀。

段數記號圈

可以在重點針目上做記號，用來計算段數或標記更換鉤織針法的位置等。

鑷子

用來補助填充手工藝棉花。特別是在填充娃娃的手、腳等細部時，用鑷子操作會更加輕鬆。

錐子

填充手工藝棉花時，可以一邊用錐子輔助鬆開棉花，一邊調整成所需的形狀。

毛線穿線器

可以輕鬆將毛線穿入毛線縫針的輔助工具。使用方法請參閱 P.8。

拆線器

用於拆除刺繡線條或已經被縫合的部位。

捲尺

用來測量毛線娃娃各部位的尺寸。

手工藝用黏著劑

用於黏合裝飾毛球等物件，或讓刺繡線變得更硬挺等，乾燥後會呈透明狀，不會影響作品外觀。

多用途黏著劑

用於需要確實黏合的塑料配件或是毛線娃娃的各部位。

材料

羊毛

羊毛材質的毛線具有輕盈且溫暖的特性。

安哥拉山羊毛

使用蓬鬆且毛茸茸的素材,製作出的鬆軟毛線。

雪尼爾(Chenille yarn)

將手感柔軟的纖維,製作成類似絨布觸感的毛線。

線材

材質多元,有棉質與羊毛等,就算是相同材質的線材,也有不同粗細與質感的款式,可以挑選適合作品風格的材質。

棉質

本書中毛線娃娃的眼睛、鼻子等刺繡,也是用棉線製作。

段染線

線材的顏色會像漸層般轉變。

圈圈線(Loop Yarn)

額外加工製作出蓬鬆圈圈效果的特殊線材。

25 號刺繡線

金蔥刺繡線

刺繡線

刺繡線不只可以用於繡出娃娃的眼睛與鼻子,還能當成線材來鉤製毛線娃娃,例如迷你蜜蜂(P.40)。

手工藝棉花

聚酯纖維製的棉花,用來填充毛線娃娃各部位的材料。

裝飾毛球

可以作為鼻子等部位的手工藝配件。用手工藝黏著劑就能輕鬆黏合。

LESSON 0

從學習用毛線製作「蝴蝶」的過程中，
熟悉鉤織的基礎針法和技巧吧！

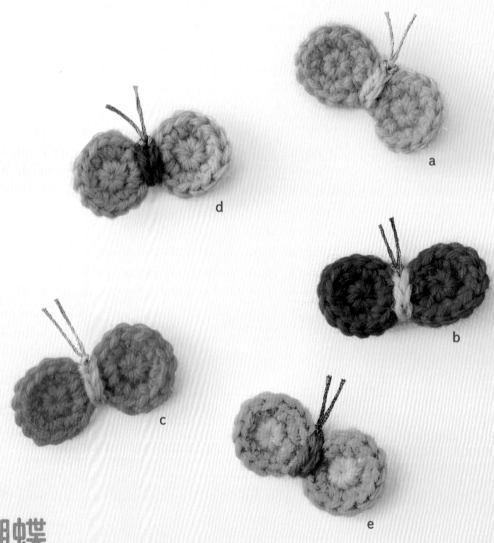

a

d

b

c

e

蝴蝶

以捲縫接合 2 片圓形織片，
並在織片接合處加上用鎖針鉤製的身體，
最後用金蔥刺繡線做出蝴蝶的觸角。

製作方法 ➡ P.9
完成尺寸　長2.5cm×寬5cm

◇◇◇◇ 開始鉤織毛線娃娃之前

本篇將介紹鉤織毛線娃娃必需知道的基本用語。

鎖針

針目的計算方式是 1針、2針。

〈 針目太鬆 〉

〈 針目太緊 〉

織圖為呈現鉤織順序與針法的圖示。左側的織圖表示鉤5針鎖針。短針、引拔針等針法，也都有各自專屬的代表符號。

針目的鬆緊以拉線的力道控制，或鬆或緊，也有「鉤得很鬆」或「鉤得很緊」的說法。此外也能藉由不同號碼的鉤針來調整針目的鬆緊。

短針

起針

鉤織圓形織片時，可以從輪狀起針開始製作。

 短針加針 - 鉤入 2 針短針（→請參閱P.16）

引拔針（→請參閱P.15）

製作方法

翅膀 2 片

＋

身體

＝

完成！

詳細的製作方法→請參閱P. 9

織片各部位的名稱

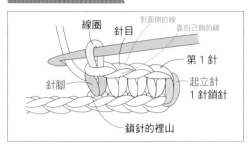

織片的每個部位都有各自的名稱,所以鉤織時,會使用「挑裡山」、「挑針目」、「挑半目」的線等說法。

＊半目:指針目的其中一股線,又分為對面側的線和靠自己側的線。

〈 用鎖針當「起立針」的方式 〉

短針

短針的起立針是「1針鎖針」時,這一針不能當成1針短針來計算。

中長針

中長針的起立針是「2針鎖針」時,要把這兩針視為1針中長針來計算。

長針

長針的起立針是「3針鎖針」時,要把這三針視為1針長針來計算。

鉤針號碼

鉤針號碼的數字越大,鉤針就越粗,為了與「蕾絲鉤針」區隔,一般鉤針的號碼後面會加上「/0」標記,例如「5/0」號鉤針。

不確定線材適合哪一種號碼的鉤針時,可以實際將線材放在鉤針上試試,選擇使用時不需費力鉤拉的鉤針。

毛線的標籤

標籤上會註明該款毛線適用幾號鉤針,例如「5/0」、「6/0」等,挑選鉤針時可作為依據。此外,也有清楚記載材質種類或處理方法等資訊。

關於毛線縫針

毛線縫針請挑選針孔較大,可以穿過線材的款式。本書包含刺繡都是使用毛線縫針。

〈 使用穿線器的穿線法 〉

❶ 將穿線器穿入縫針的針孔。

❷ 把毛線穿入穿線器的穿線孔。

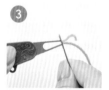

❸ 再將穿線器從縫針的針孔中拉出。

❹ 毛線即穿過縫針的針孔。

〈 不使用穿線器的穿線法 〉

❶ 把毛線頭立起放在手指頭上,再疊上縫針的針孔。

❷ 將縫針貼著指腹左右來回移動,像是在搓揉毛線。

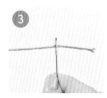

❸ 捏住穿出針孔的毛線,並從針孔拉出毛線即可。

蝴蝶 （P6）

〈 使用的線材 〉

Puppy Shetland
a 橘色（43）⋯ 1g　黃綠色（48）⋯ 30cm
b 胭脂紅（23）⋯ 1g　深黃色（54）⋯ 30cm
c 玫瑰色（58）⋯ 1g　深黃色（54）⋯ 30cm
d 水藍色（9）、淺紫色（37）⋯ 各1g　胭脂紅（23）⋯ 30cm
e 黃色（39）、土耳其藍（52）⋯ 各1g　深橘色（25）⋯ 30cm

〈 其他材料 〉

DMC Light Effect 金蔥繡線
a 水藍色（E334）　b 古銅色（E301）
c 金色（E3821）　d 土耳其藍（E3849）
e 銀色（E317）

〈 工具 〉

6/0號鉤針

> 基本工具除了鉤針以外，還包括P.4所介紹的各項。

〈 製作方法 〉

① 用鎖針鉤出條狀的身體。
② 用輪狀起針做2片圓形翅膀。
③ 以捲縫接合2片圓形翅膀。
④ 把身體組裝到翅膀接合處。
⑤ 安裝上觸角即可。

> 線材的基本用量。不過在準備材料時，可以比基本用量稍多一些備用。

> 書中指定使用的線材顏色。

> 沒有特別標註的話，都是製作1片。

翅膀（a・b・c通用）2片

　　a 橘色　b 胭脂紅　c 玫瑰色

結束處做鎖鏈接縫（留下20cm線尾）

從輪狀起針開始鉤織。

> 針數表是用來表示每一段的總針數與加針減針等資訊。

段數	針數	加針減針
2	14	加7針
1	7	輪狀起針鉤短針

> 請參考照片與作法說明，將各部分組合在一起。

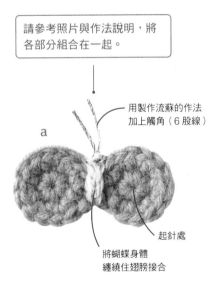

用製作流蘇的作法加上觸角（6股線）

a

起針處

將蝴蝶身體纏繞住翅膀接合

d 翅膀（2片）

　　水藍色　　　　淡紫色

e 翅膀（2片）

　　黃色　　　　土耳其藍

結束處做鎖鏈接縫（留下20cm線尾）

輪狀起針

身體（a・b・c・d・e通用）

　　a 黃綠色　b 深黃色　c 深黃色　d 胭脂紅　e 深橘色

結束處（留下20cm線尾）

起針處（預留20cm線頭）

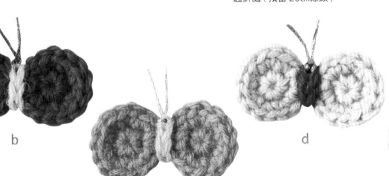

b

c

d

e

LESSON ⓪ 鉤針編織的基本技法

◇◇◇◇ 來製作「蝴蝶」吧！

鉤針的拿法

鉤針的拿法有很多種，如果已經有習慣的用法，直接沿用也沒關係。

基本拿法

用大拇指與食指夾住鉤針，中指放在後方做支撐，是個能確實拿好鉤針的方法。

握筆式拿法

用握筆般的手勢拿鉤針。

握刀式拿法

從上方握住鉤針。特別適合用於「巨大鉤針」，操作起來會更順手。

左撇子的鉤針拿法

請像照鏡子一樣，將書中鉤針的拿法左右對調。由於書中所提供的織圖是為右撇子設計的，可以自行利用影印的方式，翻轉織圖的左右兩側，會更方便左撇子使用。

\ POINT! /

雖然線材多半都有經過撚紗處理，但有時也會發生因為用右手或左手鉤織的不同，而讓線材變得更鬆或更緊，導致成品略有差異。

持線方式

線頭

預留 10～15㎝線頭，以無名指與小指夾住線，再把線掛在食指上，並用大拇指與中指捏住線材。鉤織時要習慣用食指拉住線，調整鬆緊度。

以鎖針開始鉤織

1　先將鉤針放在毛線下方，接著繞轉一圈，做出一個線圈。

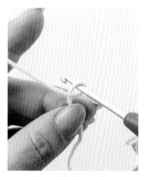

2　用手指輕輕捏住線圈交叉處。

3 如箭頭所示,將鉤針從下方繞過毛線,讓毛線掛在鉤針上。

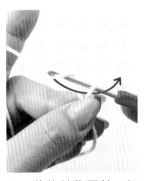

4 將鉤針往回拉,把毛線從掛在鉤針上的線圈中鉤出來。

5 把線頭往下拉,收緊針目。

6 完成鎖針起針。這一針不能列入針數計算。

鉤織蝴蝶身體

鎖針 5 針

1 如箭頭所示,將鉤針從下方繞過毛線,讓毛線掛在鉤針上。

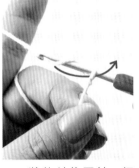

2 將鉤針往回拉,把毛線從掛在鉤針上的線圈中鉤出來。

3 這樣就完成 1 針鎖針。

4 重複步驟 1～2,做 4 次,鉤出 5 針鎖針。

鎖針收尾

尾端線段所需的長度,會依各部位的接縫需求而有所不同。

1 尾端留下約 10 ㎝的線尾再剪線。

2 鉤 1 針鎖針。

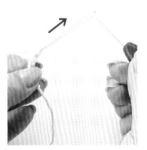

3 用鉤針將線圈拉大,直到拉出線尾為止。

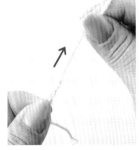

4 拉緊線尾即完成以鎖針收尾。這個步驟能讓鉤好的針目不易鬆脫。

（輪） **雙圈輪狀起針**

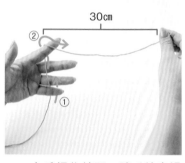

1 右手捏住線頭，讓毛線穿過左手小拇指與無名指的指縫（①），再把毛線掛在左手的食指上（②），拉出30㎝的線段。

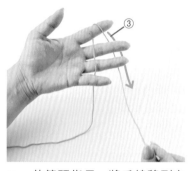

2 依箭頭指示，將毛線移到左手食指下方後側，再用毛線纏繞中指與無名指（③）。

3 用毛線纏繞中指與無名指兩圈。

4 用無名指與小指的指縫夾住線頭。

5 將左手的中指、無名指、小指朝掌心內彎曲，即完成掛線步驟。

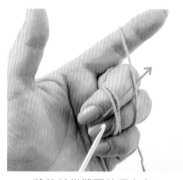

6 將鉤針從雙圈的環中穿入。

鉤針一定要從毛線的下方穿過！

7 用鉤針鉤住掛在食指上的毛線。

8 依箭頭指示，將掛好線的鉤針從雙圈的環中拉出。

9 鉤針穿出環後，即完成輪狀起針。

起立針的鎖針

| ⬭ | 鎖針 |

  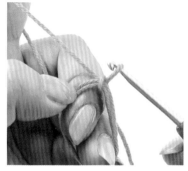

1 依箭頭指示，用鉤針鉤住掛在食指上的毛線。

2 將線穿出來。

3 完成 1 針起立針的鎖針。

第 1 段：鉤 7 針短針

| ✕ | 短針 |

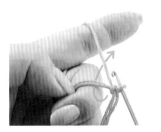 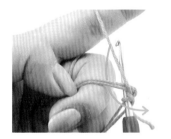 

1 依箭頭指示，將鉤針從下方穿入雙圈的環。

2 用鉤針鉤住毛線，再依箭頭指示從雙圈的環中鉤出。

3 鉤針上掛著兩個線圈。

\POINT!/

4 鉤針掛線，依箭頭指示，一併從鉤針上的兩個線圈中穿出來。

5 1 針短針就鉤織好了。

此為鉤織好的短針上方的樣子，這兩條線為一個針目（請參閱 P.8）。

6　重複步驟 1 ～ 5，繼續鉤織短針。

7　鉤織完 7 針短針。

8　為避免鉤好的針目變鬆或散開，可先將鉤針上的線圈拉大備用。

縮緊線圈

1　左手捏住一開始鉤短針的位置，右手輕拉線頭。

2　看一下是哪一個線圈縮小。

3　將步驟 2 中縮小的線圈捏住，如箭頭指示將線圈往回拉。

4　直到另一個線圈漸漸縮緊到看不出來為止。

5　再依箭頭指示用力拉出線頭，使剩下的線圈也縮緊到看不出來為止。

大線圈

6　兩個線圈都被縮緊到最小後，將鉤針掛回之前拉出的大線圈，並拉回毛線讓大線圈縮小到原本的狀態。

製作引拔針　本書所使用的引拔針作法，屬於針目痕跡較不明顯的方法。

⬭ 引拔針

1 將鉤針穿入第 1 針的半目（靠自己側的線）。

2 依箭頭指示，讓鉤針從毛線下方掛線。

3 接著將鉤針從半目與線圈中一併穿出來。

4 完成引拔針。第一段鉤織完成。

**能鉤出
針目不明顯的
引拔針技法**

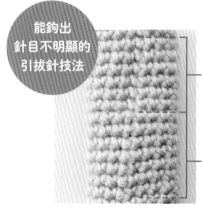

本書使用的
引拔針

一般引拔針

＼ POINT！／

一般引拔針

本書使用的
引拔針

一般引拔針是讓鉤針穿過針目的兩股線，不過若讓鉤針只穿過靠自己側的一股線（半目），就能做出針目不明顯的效果，是非常適合製作毛線娃娃的技法。

第 2 段起立針 1 針鎖針

⬭ 鎖針

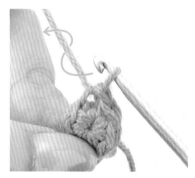

1 依箭頭指示，讓鉤針從下方掛上毛線。

2 掛好毛線後從線圈中穿出。

3 完成起立針 1 針鎖針。

短針加針－鉤入2針短針

1   第1針，先將鉤針穿入前一段第1針短針的針目。

2   依箭頭指示將鉤針從下方掛線，再從針目的兩股線出針。

3   此時鉤針會掛著兩個線圈，鉤針再度掛線，接著一併從兩個線圈中穿出來。

4   第1針短針就鉤織好了。

\ POINT! /

在段落開始處做記號

只要在段落的開始處別上段數記號圈做記號，就能避免後續發生不知道段落的開始處在哪的情況。左圖是在第1針短針處做記號。

5   第2針是加針，要在跟第1針相同的針目內做短針。入針的位置與步驟1相同。

6   鉤針掛線後，依箭頭指示往回拉出針。

> 注意不要鉤到引拔針的針目。如果連引拔針都鉤的話，針數就會過多。

引拔針的針目

7   鉤針再度掛線。

8   接著往回拉，一併從鉤針上的兩個線圈中穿出來。

9   在同一個針目內鉤入2針短針，完成加針。

10   剩下的針目也都是在同一個針目內鉤入2針短針，全部共有14針短針。

鎖鏈接縫 | 用鎖鏈接縫將頭尾的針目縫合在一起，就能製作出漂亮的圓形織片。

1　鉤織完成時留下 20cm線尾後剪線，接著拉動鉤針上的線圈抽出線尾。

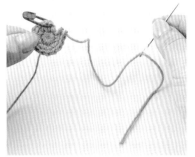

2　將拉出來的線尾穿入毛線縫針。

3　縫針穿入第 1 針的針目內（別記號圈的位置）。

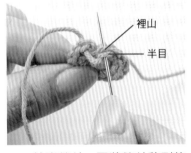

裡山
半目

4　拉出縫針，再將縫針移到第 14 針短針，並穿入靠自己側的半目及裡山內。

5　拉緊毛線，將線段的大小調整至與其他針目相同。

6　做出一個鎖鏈，完成鎖鏈接縫。

織片背面的剪線收線 | 此作法適用於織片背面也會被看見的作品。

1　用毛線縫針挑起 3～4 個靠近線尾部分的織目，以刺穿毛線的方式穿過。

小心不要剪到織片喔！

2　線尾穿入織片後，用剪刀小心貼近織片剪掉多餘的毛線。

3　起針處的線頭也用相同方式處理。用縫針挑起線頭附近的織目並穿入織片，再貼近織片剪掉多餘的毛線。

以捲縫接合2片圓形翅膀 | 介紹如何用捲縫接合兩個部位的作法。

＊為了清楚辨識，這裡使用不同顏色的毛線來呈現。

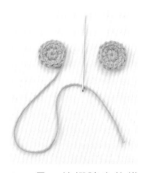

1 另一片翅膀也鉤織好後，其中1片留下20㎝線尾不做剪線收線，將線尾穿入毛線縫針。

2 織片翻至正面，將縫針穿入線尾旁的針目。

3 接著穿過另一片翅膀的針目後，再將縫針穿入步驟2隔壁的針目。

4 平緩地拉出線，不要拉得太緊，才能呈現平整不扭曲的樣子。

5 以相同方式，再穿過兩、三個針目接縫在一起。

6 接縫完3個針目。

7 接著用毛線縫針處理織片背面的剪線收線。

8 小心貼近織片剪掉多餘的毛線，即完成翅膀。

組裝身體 | 在2片翅膀的中心處，加上以鎖針鉤織完成的身體。

1 要在完成捲縫的翅膀接合處，組裝上蝴蝶的身體。

2 將鎖針結尾處的線尾穿入毛線縫針，把鉤好的身體放在翅膀正面接合處。

3 先把翅膀翻至背面，將縫針穿入第1針鎖針的針目中。

4 依箭頭指示拉出毛線，再取下縫針。

5　將鎖針起針處的線頭穿入縫針，再用縫針穿入鎖針最後一針的針目內。

6　依箭頭指示拉緊毛線。

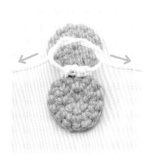

7　用毛線打兩個結，沿著邊緣剪掉多餘的毛線。

8　為避免毛線鬆開，可以在打結處塗手工藝用黏著劑，靜置至風乾為止。

裝上觸角　用製作流蘇的方法來做觸角並安裝。

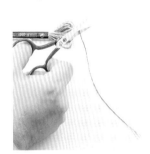

1　取出 15㎝的刺繡線後剪斷。

2　鉤針從正面穿過第1針鎖針後，用鉤針將6股繡線一併穿線出來。

3　依箭頭指示讓繡線尾端穿過繡線的線圈中。

4　把刺繡線分成2組，並拉緊線讓線圈變小。與製作流蘇的方法相同。

5　在繡線表面塗手工藝用黏著劑，讓6股繡線黏合在一起。

6　一邊用手指塗平手工藝用黏著劑，一邊把繡線整理成直線狀。

7　待線段乾燥後留下1.5㎝的長度，剪掉多餘部分。

8　蝴蝶完成！

LESSON 1
運用加針來鉤織

要提升毛線娃娃的製作能力，第一步就從「加針」開始，

本課藉由 2 款貓咪造型的毛線娃娃，

讓大家更熟悉立體的鉤織技法！

c

a

b

小貓咪

超級簡單的迷你貓咪，

只要利用加針技巧鉤出頭部、再填充棉花即可；

貓咪的臉部表情與花紋則用刺繡來完成。

製作方法 ➡ P.22

完成尺寸　長4cm×寬6cm

圓滾滾貓咪

只要以左頁的「小貓咪」為基礎，再多鉤幾段不加針不減針的短針，就能做出貓咪身體！
貓咪尾巴則以鎖針起針後，鉤織一段短針製作而成。

製作方法 ➡ P.23
完成尺寸　長7㎝×寬6㎝

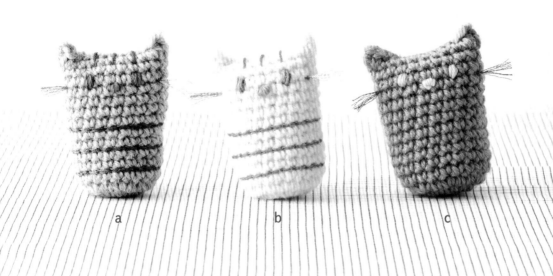

a　　　　　　　　　　b　　　　　　　　　　c

小貓咪 （P.20）

詳細的製作方法請參閱 P.24～P.28

〈 使用的線材 〉

Puppy Shetland
a 淺灰色（7）⋯⋯3g
b 白色（50）⋯⋯3g
c 黃土色（2）⋯⋯3g

〈 其他材料 〉

DMC Happy Cotton（臉）
a 紫色（756）、朱紅色（790）⋯⋯各30cm
b 淺綠色（780）、橘色（792）⋯⋯各30cm
c 藍綠色（784）、粉紅色（764）⋯⋯各30cm

DMC 25號刺繡線（花紋）
a 灰色（535）
b 橘色（3853）

DMC Light Effect 金蔥繡線（鬍鬚）
a 土耳其藍（E3849）
b 金色（E3821）
c 古銅色（E301）
手工藝棉花

〈 工具 〉

6/0號鉤針

〈 製作方法 〉

① 鉤織頭部。
② 填充棉花。
③ 繡出臉部表情。
④ 加上花紋與鬍鬚。

頭部（a・b・c 通用）

□ ＝a 淺灰色 　b 白色 　c 黃土色

結束處（留下20cm線尾）

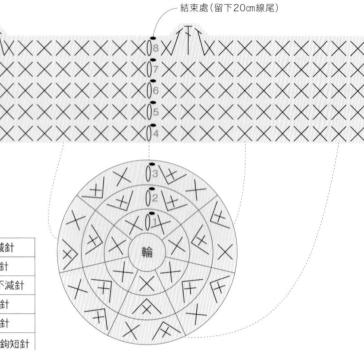

段數	針數	加針減針
8	25	加4針
4～7	21	不加針不減針
3	21	加7針
2	14	加7針
1	7	輪狀起針鉤短針

a

c

在第6段
做直針繡
（3次）

在第6段與第7段之間
做直針繡
（6股線）

4針　　2針

6股線

2針

在第4段與
第5段之間
做法式結粒繡
（繞3圈）

起針處

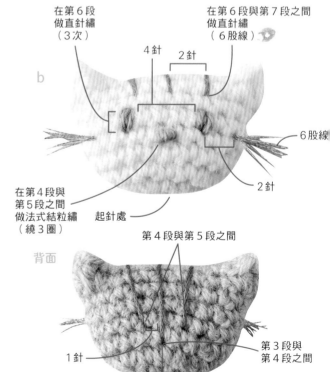

b

背面

第4段與第5段之間

1針

第3段與
第4段之間

中心

圓滾滾貓咪 （P.21）

〈 使用的線材 〉

Puppy Shetland
a 淺灰色（7）⋯⋯ 6g
b 白色（50）⋯⋯ 6g
c 黃土色（2）⋯⋯ 6g

〈 其他材料 〉

DMC Happy Cotton（臉）
a 紫色（756）、朱紅色（790）⋯⋯各30cm
b 淺綠色（780）、橘色（792）⋯⋯各30cm
c 藍綠色（784）、粉紅色（764）⋯⋯各30cm

DMC 25號刺繡線（花紋）
a 灰色（535） b 橘色（3853）

DMC Light Effect 金蔥繡線（鬍鬚）
a 土耳其藍（E3849） b 金色（E3821）
c 古銅色（E301）

手工藝棉花

〈 工具 〉

6/0號鉤針

〈 製作方法 〉

① 鉤織本體。
② 填充棉花。
③ 繡出臉部表情。
④ 加上花紋與鬍鬚。
⑤ 鉤織尾巴並接縫在本體上。

本體（a・b・c 通用）

▢＝a 淺灰色　b 白色　c 黃土色

結束處（留下20cm線尾）

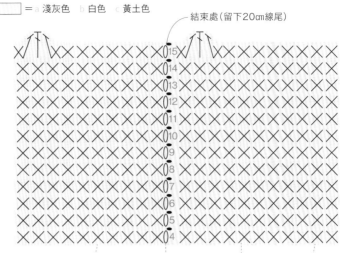

段數	針數	加針減針
15	25	加4針
4～14	21	不加針不減針
3	21	加7針
2	14	加7針
1	7	輪狀起針鉤短針

尾巴（a～c 通用）　▢＝a 淺灰色　b 白色　c 黃土色

結束處（留下20cm線尾）
起針處（預留20cm線頭）　←1

a

4針
2針
2針
在第14段與第15段之間
做直針繡（6股線）

在第13段
做直針繡（3次）

6股線

第12段與第13段之間
第8段與第9段之間
第6段與第7段之間
第4段與第5段之間

起針處

b

背面

1針

c

在中心
做法式結粒繡
（繞3圈）

直針繡
（3次）

縫合固定

鎖鏈繡
（6股線）

第12段與
第13段之間
第11段與
第12段之間
第7段與
第8段之間
第3段與
第4段之間

23

鉤好圓形織片後，不做任何加針減針繼續鉤，織片會逐漸立起來變成立體的圓柱狀。

從起針到第 3 段的作法，可參考 P.9 ～ P.16 並依照織圖加針。

| $\times$ | 不做加針減針的短針 |

7 針

1　第 4 段～第 7 段不加針不減針，以短針鉤織。上圖為鉤到第 5 段的樣子。

2　織片邊緣逐漸立起變得比較難鉤針目時，可以把織片由內向外翻面，這時便可將起針處的線頭剪短。

3　翻開讓正面朝外側，會比較好鉤織。

4　第 8 段不加針不減針，先鉤 7 針短針。

| $\top$ | 中長針 |

5　此為鉤完第 8 針短針的狀態。鉤針先掛線，再穿入剛鉤完短針的針目中。

6　鉤針再度掛線，依箭頭指示將線鉤出來。

7　鉤針再掛線，依箭頭指示一併穿出鉤針上的三個線圈。

8　1 針中長針完成。中長針的高度會比短針高。

| $\top$ | 長針 |

 耳朵的作法是 1 針短針＋1 針中長針＋1 針長針＋1 針中長針＋1 針短針，共 5 針。

9　鉤針先掛線，再依箭頭指示穿入步驟 8 中長針旁的針目。

10　鉤針再掛線，依箭頭指示往回穿出同一個針目。

11　鉤針再度掛線，依箭頭指示從掛在鉤針上的前兩個線圈中穿出。

12 鉤針再掛一次線，依箭頭指示，一併從掛在鉤針上的兩個線圈中穿出。

13 完成 1 針長針。長針的高度會比中長針更高。

耳朵

14 在下一個針目中做 1 針中長針與 1 針短針，就能鉤出耳朵的形狀。

耳朵　　　　　耳朵

15 一直鉤到另一側的耳朵前，都以不加針不減針的方式鉤短針。接著重複步驟 5 ～ 14 做出另一邊耳朵，即完成頭部。尾端留下 20 cm線尾再剪線，並以鎖針收尾。

\ POINT！/

斜向針目

當鉤織段數較多時，會有起立針針目斜向的情況。這是因為下一段針目並不是在前一段針目的正上方鉤織，所以多少會出現如圖中向右移位的情況。而本書選用只挑針目靠自己側的半目來鉤引拔針（→ 請參閱 P.15），就能避免斜向針目的狀況太明顯。

LESSON ① 運用加針來鉤織

填充棉花　　　填充完棉花後，以毛線縫合開口。

\ POINT！/

鬆開棉花

1 把棉花撕成小塊狀。

2 將棉花塞進毛線娃娃裡，要確實往裡面填滿內部空間。

直接使用整塊棉花會很難塑型，所以請先用手鬆開棉花，一小塊、一小塊地塞入毛線娃娃內部。

在進行**縮口縫**收口或接縫各部位時，一定要先將線頭拉到外側，此為縫合的前置作業。

＊為了清楚辨識，這裡使用不同顏色的毛線來呈現。

3　縫合頭部開口。先將毛線穿入毛線縫針，再將縫針穿入鉤織結束處的針目內。

4　毛線被拉到外側（縫合的前置作業）。跳過耳朵的位置，先用縫針穿過另一側的針目，再穿入尾端線段旁的第一個針目。

5　拉出毛線。第2針的作法與第1針一樣，用縫針穿過下一個針目兩側相對應的針目內，再拉緊縫線。以同樣的作法，一針一針縫合。

步驟6〜11是**藏線**與處理多餘毛線的作法，本書後續皆簡稱為「藏線處理」。

6　縫合完8個針目後，要做藏線處理。最後一針可以從頭部的任何一處穿出，但要用不刺穿毛線的方式出針。

7　打上止縫結。將縫針放在出針處上方，在縫針上纏繞3圈毛線後，用手指壓緊線圈並抽出縫線。

8　為了要隱藏止縫結，請將縫針再穿回同一個針目內，並從距離較遠的位置出針。

9　拉緊毛線，直到止縫結穿入毛線娃娃內部看不見為止。

10　縫針再穿回同一個針目內，再從距離較遠的位置出針，重複同樣的步驟2至3次。

11　沿著織片邊緣剪掉多餘的毛線。只要先拉緊毛線再剪斷，線尾就會藏入毛線娃娃內部。

12　完成貓咪頭部。

　為了縫製時不刺穿毛線破壞織片，請使用針尖偏圓的縫針做刺繡。

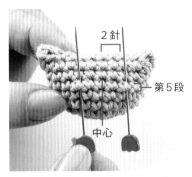

1　可先用珠針標記出刺繡位置，再動手做直針繡。

2　繡線穿過縫針後，做穿針打結（請參閱下方），從眼睛上方處出針。

3　拉緊繡線，將線尾的結藏入毛線娃娃內部，再用縫針挑起 1 段短針的高度。

4　拉出繡線，即完成 1 次直針繡。在同樣的位置再繡 1 次。

5　從眼睛下方處入針，再從另一邊眼睛上方出針；做完 3 次直針繡，完成一隻眼睛。

6　另一隻眼睛也以相同方式做 3 次直針繡，最後做藏線處理。

LESSON ① 運用加針來鉤織

\ POINT ! /

穿針打結的作法

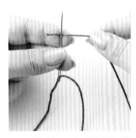

1　取出一定長度的線材穿入縫針後，將較長處的線段放在手指上，並用縫針壓住。

2　將線材在縫針上繞 3 圈。由於毛線娃娃的針目通常比較大，所以請繞 3 圈做出一個比較大的結。

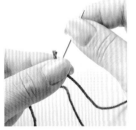

3　用手指捏住纏繞線材的地方，同時抽出縫針。

4　剪掉多餘的線材，就完成穿針打結了。

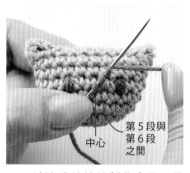

第5段與
第6段
之間
中心

7 以法式結粒繡製作鼻子。從鼻子處出針,在縫針上繞3圈。

8 拉出繡線,並在同樣位置入針,最後做藏線處理。

9 完成臉部表情的刺繡。

加上花紋與鬍鬚

25號刺繡線是由6股細線撚成,可以直接穿入縫針內使用。

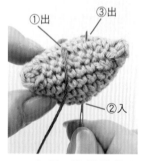

①出 ③出
②入

1 先用6股繡線做穿針打結,再做直針繡。

⑤出
⑥入 ④入

2 按照圖片中的數字順序,依序出針、入針,即可繡出3條花紋。

3 做完藏線處理,就完成加上花紋的步驟。

4 將鬍子用繡線穿入縫針,先不要打結,從臉部左側入針預留線頭後,再從臉部下方出針打結。

5 再從同樣的針目入針,並從距離較遠處出針,接著拉緊線,將結藏入貓咪頭部內。

6 運用藏線處理的訣竅,出針、入針數次後,再從右側鬍鬚位置出針。

7 留下1.5cm的繡線作為鬍鬚,再剪線。

8 左側的繡線也修剪成1.5cm。小貓咪完成!

圓滾滾貓咪的製作方法與小貓咪相同。
只是多了要做身體的花紋刺繡以及鉤出尾巴並結合的步驟。

以小貓咪款為基礎，再多鉤
7 段不加針不減針的短針，
就能做出圓滾滾的身體。

第 4 段與 5 段之間

①出

②入

1 用鎖鏈繡繡出身體的花紋。
以 6 股繡線從①出針，再從
同一個針目②入針，並穿過 1
針短針。

2 將繡線繞過縫針。

3 出針拉出繡線，就完成 1 針
鎖鏈繡。

4 像是要穿入鎖鏈繡內圈般，
從步驟 3 出針處入針，再穿
過 1 針短針，讓繡線繞過縫
針，做出第 2 針鎖鏈繡，一
直重複相同步驟。

5 每一針都要確實拉緊，才不
會做出鬆垮垮的鎖鏈繡。

6 製作最後一個鎖鏈繡時，要
用縫針挑起第 1 針鎖鏈繡的
繡線，並穿過繡線。

7 接著從最後一個鎖鏈繡內側
入針，再做藏線處理。

製作與接縫尾巴 ｜ 尾巴的作法是以鎖針起針再鉤織短針。

挑裡山

起立針 1 針鎖針

做完鎖針起針後，鉤下一段時，請務必要用鉤針挑裡山的方式製作。

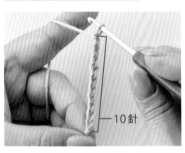

10針

1 線頭要先預留 20㎝ 的線段，再鉤 10 針鎖針，這個作法稱為鎖針起針。

起立針 1 針鎖針

2 接著做起立針 1 針鎖針。

3 為方便挑裡山，可以稍微調整一下織片的方向。讓鉤針穿入第 10 針的裡山做短針。

4 鉤針掛線後依箭頭指示出針，接著鉤針再度掛線，一併從兩個線圈中穿出。

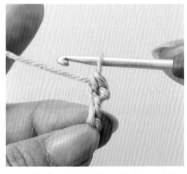

5 完成 1 針短針。鉤完 10 針短針後以鎖針收尾。

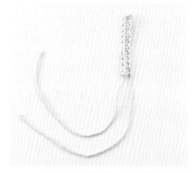

6 完成尾巴織片。線尾要留下 20㎝ 的線段再剪線，作為接合身體之用。

\ POINT! /

刺穿毛線、不刺穿毛線

除了在處理織片背面的剪線收線時，會使用縫針刺穿毛線，其他情況下請盡可能避免刺穿毛線。

刺穿毛線

毛線被刺穿的樣子

不刺穿毛線

刺穿毛線是指縫針穿過 1 條毛線的內部。在進行織片背面的剪線收線時，為了避免織片鬆開，所以需要刺穿鉤好的毛線。

不刺穿毛線是指入針、出針都從針目進出。無論是使用縫針做刺繡、藏線處理、打止縫結等，請都從針目進出，不要讓縫針直接刺穿毛線。

\ POINT! /

挑針是什麼？

將鉤針穿入前一段鉤織好的針目中時，就稱為「挑針」。而挑針又有分為：穿入織片中針目的「挑針目」，或是穿入整條織目的「挑整條」等方式。

挑針目

挑整條

7 把尾巴織片的正面朝上，放在身體背面正中央。可先用珠針暫時固定。

第4段至
第7段

8 將尾巴織片留下的線段穿入毛線縫針，再用縫針穿進要縫上尾巴的短針針目內。

9 接著將縫針穿入尾巴織片的鎖針針目內。

10 拉出毛線後，縫針再從同一個短針針目入針。

11 另一側也以同樣的方式縫合，最後做藏線處理。

完成！

＼ POINT！／

鉤出彎曲的織片

織片有時會出現扭曲或彎曲的狀況。如果是用在貓咪尾巴之類的地方，可以活用這些自然曲線來增加作品的可愛度。

如果需要平整的織片，則可以在織片上方，懸空拿著熨斗之類的工具，利用一點蒸氣來燙平。

織片不平整的原因

在以鎖針起針的針目中做短針時，如果一下鉤得太鬆，一下又鉤得太緊，織片就會因為受力不均而出現彎曲的狀況，因此在鉤織時，力道請盡量保持一致。

太緊

太鬆

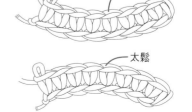

LESSON 2
運用加針與減針來鉤織

本堂要介紹加針與減針的技巧，
以及如何在各段更換不同毛線顏色的方法。

檸檬、蘋果、西洋梨

學完加針之後，下一步要練習的是減針，活用這兩種針法鉤出各種水果吧！
藉由幫水果加上枝葉，也可以練習接縫各個部位的作法。

製作方法 ➡ P.34
完成尺寸　檸檬：長10cm×寬6cm、蘋果：長6cm×寬7cm、西洋梨：長10cm×寬6cm

蜜蜂

運用更換各段不同色線的作法，製作出紋路效果。
迷你蜜蜂也是使用同款織圖，只是改成用刺繡線來製作。

製作方法 ➡ 蜜蜂、迷你蜜蜂：P.40
　　　　　　幸運草、迷你幸運草：P.92
完成尺寸　蜜蜂：長3.5cm×寬5cm、迷你蜜蜂：長2cm×寬3cm
　　　　　　幸運草：長4cm×寬3cm、迷你幸運草：長3cm×寬2cm

蜜蜂

a

b

d

迷你蜜蜂

c

d

幸運草

a

b

迷你幸運草

c

蘋果 (P.32)

詳細的製作方法請參閱 P.36～P.39

〈 使用的線材 〉

Hamanaka Amerry
紅色（5）⋯⋯ 10g
深綠色（34）⋯⋯ 1g
深褐色（9）⋯⋯ 1m

〈 其他材料 〉

手工藝棉花

〈 工具 〉

5/0 號鉤針

〈 製作方法 〉

① 鉤織果實。
② 填充棉花後以縮口縫收口。
③ 鉤織葉片與枝幹，再將葉片與枝幹接縫到果實上。

葉片（蘋果）

▨ ＝深綠色

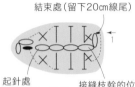

結束處（留下20cm線尾）
起針處（預留10cm線頭）
接縫枝幹的位置

枝幹（蘋果、檸檬、西洋梨通用）

■ ＝蘋果 深褐色　檸檬 黃綠色　西洋梨 紅褐色

結束處（留下20cm線尾）
接縫葉片的位置
起針處（預留20cm線頭）

果實（蘋果）　▨ ＝紅色

結束處（留下20cm線尾）

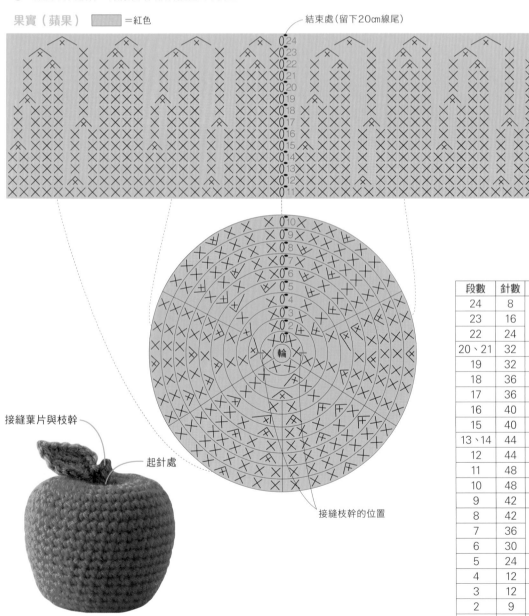

接縫葉片與枝幹
起針處
接縫枝幹的位置

段數	針數	加針減針
24	8	每段減8針
23	16	
22	24	
20、21	32	不加針不減針
19	32	減4針
18	36	不加針不減針
17	36	減4針
16	40	不加針不減針
15	40	減4針
13、14	44	不加針不減針
12	44	減4針
11	48	不加針不減針
10	48	加6針
9	42	不加針不減針
8	42	每段加6針
7	36	
6	30	
5	24	加12針
4	12	不加針不減針
3	12	每段加3針
2	9	
1	6	輪狀起針鉤短針

檸檬、西洋梨 （P.32）

詳細的製作方法請參閱 P.39

〈使用的線材〉
Hamanaka Amerry
檸檬
黃色(25)···· 9g
深綠色(34)···· 1g
黃綠色(13)···· 2m

西洋梨
芥末綠色(33)···· 12g
深綠色(34)···· 1g
紅褐色(50)···· 1m
黃綠色(13)···· 1m

〈其他材料〉
手工藝棉花

〈工具〉
5/0號鉤針

〈製作方法〉
① 鉤織果實。
② 填充棉花後以縮口縫收口。
③ 鉤織葉片與枝幹，再將葉片與枝幹接縫到果實上。

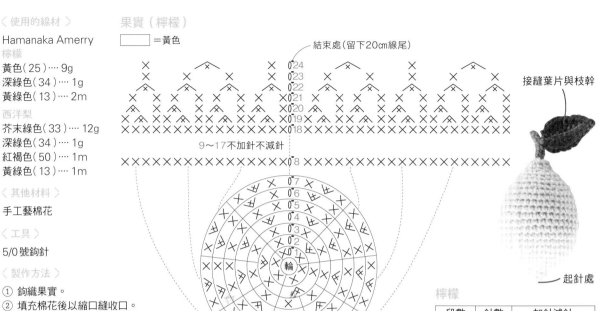

果實（檸檬）
□＝黃色
結束處(留下20cm線尾)
9～17不加針不減針
接縫葉片與枝幹
起針處

LESSON ② 運用加針與減針來鉤織

檸檬

段數	針數	加針減針
24	6	減3針
23	9	不加針不減針
22	9	減9針
21	18	不加針不減針
20	18	每段減9針
19	27	
8～18	36	不加針不減針
7	36	每段加9針
6	27	
5	18	不加針不減針
4	18	加9針
3	9	不加針不減針
2	9	加3針
1	6	輪狀起針鉤短針

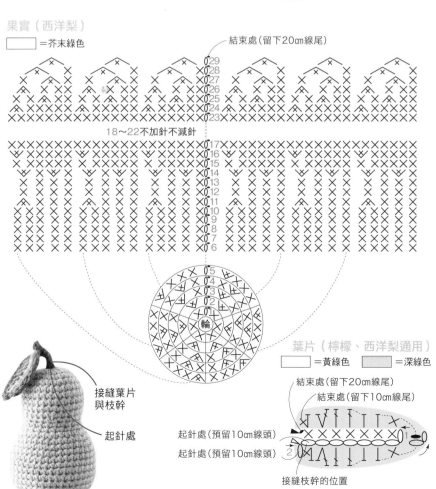

果實（西洋梨）
□＝芥末綠色
結束處(留下20cm線尾)
18～22不加針不減針
接縫葉片與枝幹
起針處

西洋梨

段數	針數	加針減針
29	6	
28	12	
27	18	每段減6針
26	24	
25	30	
24	36	
17～23	42	不加針不減針
16	42	加6針
15	36	不加針不減針
14	36	加12針
12、13	24	不加針不減針
11	24	減6針
6～10	30	不加針不減針
5	30	
4	24	每段加6針
3	18	
2	12	
1	6	輪狀起針鉤短針

葉片（檸檬、西洋梨通用）
□＝黃綠色　▨＝深綠色
結束處(留下20cm線尾)
結束處(留下10cm線尾)
起針處(預留10cm線頭)
起針處(預留10cm線頭)
接縫枝幹的位置
◁ 接線　◀ 剪線

接縫葉片與枝幹
起針處

| 學習將 2 個短針併成 1 針的減針作法。

運用減針技法鉤出水果或動物的頭部等圓球狀。

先以輪狀起針，再反覆以加針與不加針不減針的作法，鉤到第 11 段。

 短針減針 – 2 針併 1 針

＊為了清楚辨識，這裡使用不同顏色的毛線來呈現。

> 鉤織短針時，鉤針上掛著兩個線圈的狀態，稱為**未完成的短針**。

1 此為鉤到第 12 段第 5 針的地方。接著要將第 6 針與第 7 針的兩個針目併為 1 針。先把鉤針穿入第 6 針中。

2 鉤針掛線，依箭頭指示鉤出。

3 在鉤針上掛著兩個線圈（未完成的短針）的狀態下，再將鉤針穿入第 7 針的針目中。

4 鉤針掛線，依箭頭指示從第 7 針的針目中出針。

5 鉤針上掛著三個線圈。接著鉤針再掛線，依箭頭指示一併從三個線圈中穿出來。

6 2 針併 1 針的短針減針就鉤好了。第 6 針與第 7 針的兩個針目變成一個針目。

 變化短針減針 – 2 針併 1 針

1 依箭頭指示用鉤針挑半目（靠自己側的線）。

2 接著鉤針再挑隔壁的半目。

3 鉤針上掛著挑兩條半目所形成的線圈。

4 鉤針掛線，依箭頭指示從步驟 3 的兩條半目中出針。

一般減針　　　　變化減針

5 鉤針再度掛線，依箭頭指示一併從兩個線圈中穿出。

6 變化短針減針－2針併1針就鉤好了。

雖然使用一般減針來製作也沒問題，不過為了做出針目不明顯的漂亮外型，本書採用「變化減針」來製作。特別推薦給因為不擅長一般減針，導致容易鉤出鬆散針目的人。

填充棉花　請在鉤織最後一段前先填入適量棉花，等鉤完最後一段後，再追加填補棉花不足的部分。

1 鉤完第 23 段後，先將鉤針上的線圈拉大，避免後續填充棉花時毛線鬆開。

2 拉緊輪狀起針處的線頭，製作出蘋果蒂頭的凹陷狀。

3 一點一點放入棉花。可以用鑷子輔助，從蒂頭周圍開始慢慢塞入棉花。

4 一邊確認是否有塑造出蒂頭的形狀，一邊確實塞好棉花。

5 第 24 段用變化短針減針－2針併1針的針法製作。

6 接著塞入填補用的棉花。

LESSON ② 運用加針與減針來鉤織

縮口縫收口　以下將介紹適用於大部分動物頭部的縮口縫收口作法。

＊為了清楚辨識，這裡使用不同顏色的毛線來呈現。

1　尾端留下約 20cm 的線段再剪線，做完以鎖針收尾後，將線尾穿入毛線縫針內。

2　先將縫針穿過鉤織結束處的針目把毛線拉到外側，做好縫合的前置作業。

3　縫針由外側向內穿過隔壁針目的半目（靠自己側的線）。

4　以相同方式，穿過 8 個針目的半目，縫完一整圈。記得也要穿過引拔針的針目。

5　拉緊縫線收緊開口。

6　將縫針穿入縮口的小洞口，並從距離較遠處出針，再做藏線處理。

接縫各部位織片　只要使用織片所留下的線段，就能以接縫各部位織片的方式來加上枝葉等部件。

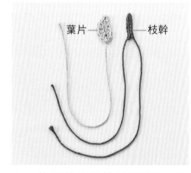

葉片　枝幹

1　鉤好葉片與枝幹的織片。用葉片起針處的線頭做織片背面的剪線收線，只要留下結束處線尾 1 條毛線即可；枝幹則兩端的線段都要留下。

2　將葉片的線尾穿入毛線縫針，並用縫針穿過枝幹前端數來的第 2 針針目內，再穿過葉片根部的鎖針內。

3　拉出縫針後，再用縫針穿過同樣的位置，縫合葉片與枝幹，接著以織片背面的剪線收線作法整理好葉片。

接縫枝幹的作法，也適用於接縫動物的尾巴等等。

4 葉片縫合在枝幹後，要將枝幹接縫在蘋果的果實上（檸檬、西洋梨作法相同）。

5 將枝幹的其中一端線段穿入毛線縫針，將縫針穿入果實（蘋果）要接縫枝幹的位置，再從其他地方出針。

6 確實拉緊毛線，再做藏線處理。

7 枝幹另一端的線段作法一樣，從接縫枝幹的位置入針，最後再做藏線處理，蘋果就完成了。

銜接新線　檸檬與西洋梨的葉片作法相同。

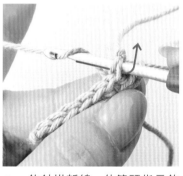

1 以鎖針起針鉤 7 針鎖針，再以挑裡山的作法鉤 7 針短針。預留 20㎝線頭後剪線，再以鎖針收尾。

2 將鉤針穿入要接新線的針目內，用手捏著織片，並將新線放在織片的內側。

3 鉤針掛新線，依箭頭指示鉤出來。

4 新線接好了。

織片要加新線時，就可以用這種接新線的作法！

5 先做起立針 1 針鎖針後，依照 P.35 織圖標示繼續鉤完。

6 完成葉片織片。只需要留下 1 條黃綠色的線段，剩下的 3 條線段用織片背面的剪線收線作法整理好葉片。

〈 使用的線材 〉

Hamanaka Amerry
a 深黃色（31）⋯⋯ 3g　藏藍色（53）⋯⋯ 1g
b 深黃色（31）⋯⋯ 3g　深褐色（9）⋯⋯ 1g
通用 白色（51）⋯⋯ 1g

DMC 25 號刺繡線
c 黃色（743）⋯⋯ 4.5m　藏藍色（823）⋯⋯ 1.3m
d 黃色（743）⋯⋯ 4.5m　深褐色（801）⋯⋯ 1.3m
通用 白色（BLANC）⋯⋯ 1m

〈 其他材料 〉

DMC Happy Cotton
a、b 藍色（798）⋯⋯ 50cm　紅色（754）⋯⋯ 20cm

DMC 25 號刺繡線
c、d 藍色（797）⋯⋯ 30cm　紅色（321）⋯⋯ 20cm

手工藝棉花

〈 工具 〉

a、b 5/0 號鉤針
c、d 2/0 號鉤針

〈 製作方法 〉

① 鉤織身體。
② 填充棉花後以縮口縫收口。
③ 鉤織翅膀，再將翅膀接縫在身體上。
④ 繡出臉部表情。

身體（a・b・c・d 通用）

□ ＝a・b 深黃色　c・d 黃色　　▨ ＝a・c 藏藍色　b・d 深褐色

結束處（留下20cm線尾）

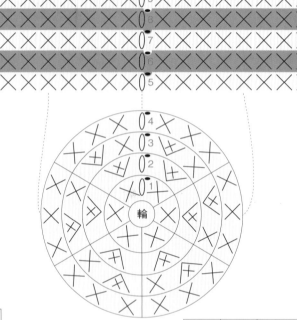

翅膀（a・b・c・d 共通）2 片

□ ＝a～d 白色

結束處（留下20cm線尾）

段數	針數	加針減針
1	7	輪狀起針鉤短針

段數	針數	加針減針
13	6	每段減 6 針
12	12	
4～11	18	不加針不減針
3	18	每段加 6 針
2	12	
1	6	輪狀起針鉤短針

a

5針

2針

在第 7 段與第 8 段之間做接縫

在第 2 段與第 3 段之間做法式結粒繡（繞3圈）

直針繡（1次）

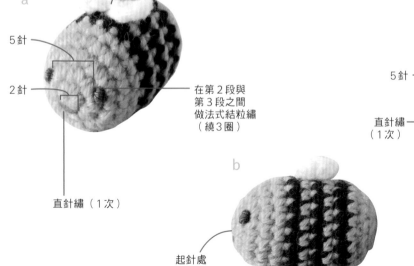

b

起針處

c

5針

直針繡（1次）

2針

第 7 段與第 8 段之間做接縫

在第 2 段與第 3 段之間做法式結粒繡（繞3圈）

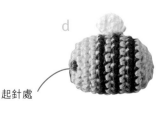

d

起針處

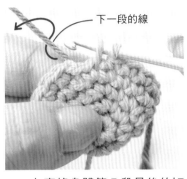

下一段的線

1 在蜜蜂身體第5段最後的短針進行換線。請在未完成的短針狀態中，將下一段的線放在織片背面並將鉤針掛線。

為了清楚辨識而使用灰色線，實際製作請使用深褐色線。

2 接著一併從掛在鉤針上的兩個線圈中穿出。更換不同顏色毛線就完成了，黃色毛線則原地放在內側即可。

將暫時不使用的毛線，放在內側備用的作法，稱為「暫放備用」。

3 將鉤針穿入第5段第1針的半目（靠自己側的線），掛線後依箭頭指示，一併穿出兩個線圈鉤引拔針。

4 引拔針的針目已換成不同顏色的毛線。第6段起始處請使用深褐色毛線，鉤起立針1針鎖針。

5 鉤織前面4～5針時，可以一併鉤入新線的線頭。只要在鉤短針時，將不同色線的線頭放在鉤針上方就能一併鉤入。

接好新線的線頭

6 此為將新線的線頭一併鉤入短針中的樣子。接著以相同作法繼續鉤短針。

7 鉤完4～5針短針，一併鉤入不同色線後，織片背面的樣子。

8 後續的短針不需要再將不同顏色的線頭一併鉤入，等鉤完一圈短針後，緊貼著織片剪掉多餘的線頭。

9 在第6段最後1針短針未完成的短針狀態下，把不同顏色的毛線放到織片正面，再將暫放備用的黃色線掛在食指上。

LESSON ② 運用加針與減針來鉤織

10 鉤針掛黃色線，一併從鉤針上的兩個線圈中穿出。

11 最後 1 針短針就鉤好了。接著將深褐色線移到織片背面，再繼續鉤黃色線。

12 一直重複前述的步驟，直到完成蜜蜂身體的花紋。

不交替更換不同色線　適用於只要換一次不同顏色毛線的情況。

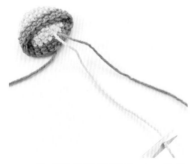

1 鉤織時不要把原毛線的線尾（黃色）與不同色線的線頭（深褐色）一併鉤入，直接留下原本的線段即可。

2 原毛線的線尾留下 10㎝的線段後剪線。

3 將原毛線與不同色線的線段繞兩圈打結。

4 再繞兩圈打結，剪掉多餘的線頭。

5 完成更換毛線顏色的線頭處理。

\ POINT! /

交替更換不同色線

小動物（P.45）、河馬、兔子、貓咪（P.68）的身體都是採用這種換線法。

不交替更換不同色線

河馬、兔子、貓咪（P.68）的手腳，與狐狸、無尾熊（P.76）都是採用這種換線法。

鈎織毛線娃娃 Q & A （Part1）

想知道有那些結束鈎織的作法？

結束鈎織的作法可分為 3 種，依照需求選擇適合的方式即可。

鎖針收尾　預留好線頭後剪線，鈎完 1 針鎖針再抽出毛線。收尾處的針目會確實縮緊。（→請參閱 P.11）

引拔針收尾　預留好線頭後剪線，鈎完 1 針引拔針再抽出毛線。收尾處的針目會比較鬆。

鎖鏈接縫　在最後的針目內做鎖鏈接合。適用於結束處的邊緣會顯露在外，需要做出平整外型時。（→請參閱 P.17）

如何活用織片的特性？

可以利用織片自然捲曲的特性，讓毛線娃娃的造型更豐富有趣。例如企鵝的翅膀呈現捲翹的姿態時，看起來會更加地生動可愛。

毛線縫針拔不出來時，該怎麼辦？

當毛線縫針很難抽出時，可以使用裁縫用的「防滑指套」來輔助。只要戴上指套就能確實捏住縫針，不容易滑動鬆脫。

刺繡線無法穿入針孔內，該怎麼辦？

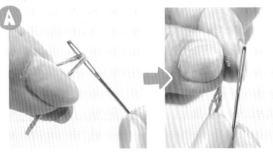

除了使用 P.8 介紹的穿線方法之外，也能用縫針對折繡線的線頭來穿線。

用大拇指與食指捏緊折疊處，再將繡線穿入針孔內。

可以混合不同線材嗎？

可以將不同種類的線材交織在一起使用。

例如將山羊毛線與壓克力纖維毛線一起鈎織，呈現的效果更豐富有層次。

想知道各部位的織片該預留多長的線尾？

一般用來做接縫的線尾，都會預留 20㎝左右為基準。如果是要把身體跟頭部接縫起來，則要以接縫處圓周長的 2 倍＋20㎝為基準。

LESSON 3

接縫織片

製作刺蝟時，可以學到如何將頭部與身體組合接縫在一起；
而製作小動物時，則可以練習如何將手、腳及耳朵等部位
接縫在身體上。

刺蝟

先鉤織好頭部與身體，並分別填充棉花，
再將頭部與身體組合接縫在一起。
最後用手工藝用黏著劑，黏貼上裝飾毛球做成鼻子就完成了。

製作方法 ➡ 刺蝟：P.46、愛心：P.93
完成尺寸　刺蝟：長6cm×寬10cm
　　　　　大愛心：長4cm×寬4cm、小愛心：長3cm×寬3cm

大　　　　小　　　　　　　a　　　　　　b　　　　　　c

小動物

先鉤出立體的橢圓形，並運用更換不同色線的作法來製作身體。
而手、腳及耳朵，是以預留的線段作為縫線接縫在身體上。

製作方法 ➡ 小熊、小狗、小兔子：P.52
　　　　　　三角形樹木：P.92、圓形樹木：P.93
完成尺寸　小熊、小狗、小兔子：長5.5㎝×寬4.5㎝（不含耳朵）
　　　　　　三角形樹木：高8㎝×寬4㎝、圓形樹木：高5.5㎝×寬4㎝

LESSON ③ 接縫織片

〈使用的線材〉

Puppy Shetland
a~c 象牙白（8）···· 4g

Puppy Julika Mohair
a 粉紅色（303）···· 7g
b 灰色（312）···· 7g
c 黃色（306）···· 7g

〈其他材料〉

DMC Happy Cotton
a~c通用　褐色（777）···· 50㎝

直徑10㎜的裝飾毛球
a 水藍色　b 黃色　c 粉紅色

手工藝棉花

〈工具〉

6/0號鉤針

〈製作方法〉

① 各別鉤織頭部與身體。
② 先將頭部與身體填充好棉花，再接縫在一起。
③ 用手工藝用黏著劑將裝飾毛球黏貼在鼻尖上，再繡出眼睛。

頭部（a・b・c 通用）

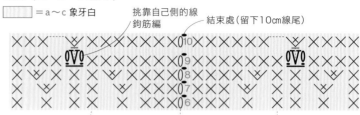

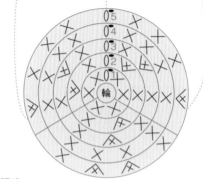

段數	針數	加針減針
10	24	減2針
9	26	加2針
8	24	每段加4針
7	20	
6	16	不加針不減針
5	16	加4針
4	12	不加針不減針
3	12	每段加3針
2	9	
1	6	輪狀起針鉤短針

身體（a・b・c 通用）

＝a 粉紅色
　　b 灰色
　　c 黃色

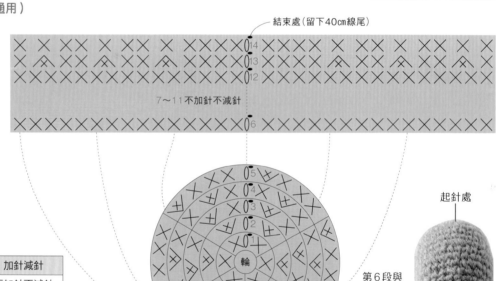

段數	針數	加針減針
14	24	不加針不減針
13	24	減6針
6~12	30	不加針不減針
5	30	每段加6針
4	24	
3	18	
2	12	
1	6	輪狀起針鉤短針

起針處

第6段與第7段之間

4針

起針處

黏貼在第1段與第2段之間

直針繡（5次）

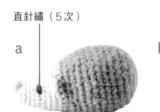

a

b

c

輪 輪狀起針

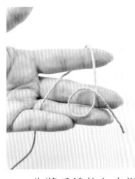

1 先將毛線放在小指與無名指之間，再掛在食指上，接著用線頭繞出一個圓形線圈。

2 用手指捏住線圈交叉處。

3 將鉤針穿入線圈內後掛線，依箭頭指示穿出線圈。

4 完成輪狀起針，鉤起立針1針鎖針後，開始鉤短針。

5 鉤好所需的短針後，先用鉤針拉大線圈備用。再用手指捏住開始鉤短針的位置，並拉緊線頭。

6 直到中間的圓圈縮到最小為止。接下來的作法與「雙圈輪狀起針」一樣。

7 製作單圈輪狀起針時，起針處要做藏線處理。將線頭穿入縫針，再挑起線頭旁鉤好的毛線。

8 為避免單圈輪狀起針的中心圓圈鬆開，最後要打上止縫結。先用毛線纏繞縫針2～3圈。

9 再用手指壓住纏繞在縫針上的線圈，同時抽出縫線。

10 打好止縫結後，剪掉多餘的毛線。

\ POINT！/

適合「單圈輪狀起針」的線材

推薦選用安哥拉山羊毛或圈圈毛線等，不會太滑又不容易斷裂的堅韌線材，會比較適合做單圈輪狀起針。

⊠ **短針筋編** 若鉤織符號下方加上一條底線，就表示要使用「筋編」的作法。

＊為了清楚辨識，這裡使用不同顏色的毛線來呈現。

1 鉤針只挑針目對面側的一股線（半目）。

> 一般所說的「筋編」，就是指只挑對面側的半目。

2 鉤針掛線，從半目中穿出。

3 鉤針再度掛線，依箭頭指示一併從兩個線圈中穿出來。

4 1針短針筋編就鉤好了。

5 接著繼續用鉤針只挑對面側的半目，鉤短針筋編。

剩餘的半目

6 鉤完一圈後，沒有被鉤到半目會呈現筋狀花紋，能做出向外折的摺角效果。

變化筋編（挑靠自己側的線） 接著介紹只挑靠自己側半目的變化筋編作法。

⊠ **變化短針筋編** 當鉤織符號下方加上一條粗底線時，就表示要使用「變化版筋編」的作法。

＊為了清楚辨識，這裡使用不同顏色的毛線來呈現。

1 鉤針只挑針目靠自己側的一股線（半目）。

2 鉤針掛線，從半目中穿出。

3 鉤針再度掛線，依箭頭指示一併從兩個線圈中穿出來。

挑靠自己側
半目的變化
筋編

挑靠自己側
半目的變化
筋編

挑對面側半目
的筋編

向外折的
摺角

向內折的摺角

4　1針短針的變化筋編就鉤好
了。

5　接著繼續用鉤針只挑靠自己
側的半目，鉤變化短針筋編。

6　只挑靠自己側半目的變化短
針筋編，能製作出向內折的
摺角效果。

用變化筋編製作耳朵

刺蝟的耳朵是用變化中長針筋編（挑靠自己側的半目）製作而成。

〇▽〇　引拔針 + 鎖針 + 變化中長針筋編（挑靠自己側的半目）

鼻尖

1　頭部以輪狀起針後
依照織圖鉤短針、
加針一直鉤到第8
段。

2　繼續鉤到第9段第
7針，接著鉤針挑
下一個針目靠自己
側的半目鉤引拔針。

3　鉤針掛線後，依箭
頭指示一併從半目
及鉤針上的線圈中
穿出來。

4　鉤好1針引拔針。

鎖針

中長針

中長針

鎖針

5　鉤1針鎖針。

6　將鉤針穿入鉤引拔
針時的半目，鉤1
針中長針。

7　接著在同一個半目
內，再鉤1針中長
針。

8　鉤1針鎖針。

9 將鉤針穿入鉤 2 針中長針的同樣半目內，掛線後依箭頭穿出來。

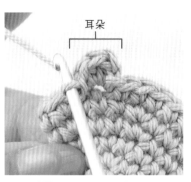

10 引拔針鉤好，一邊的耳朵就完成了。

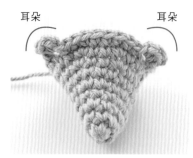

11 繼續以不加針不減針的方式鉤 8 針短針，接著重複步驟 2 ～ 10 鉤織另一邊的耳朵。

短針筋編加針－鉤入 2 針短針筋編

12 繼續鉤到第 10 段第 7 針短針。

13 鉤第 8 針時，鉤針挑耳朵內側剩下的對面側半目（第 8 段），並鉤 1 針短針筋編。

14 鉤針再挑同樣的半目，鉤 1 針短針筋編，即完成加針步驟。

15 跳過 1 個針目不鉤，鉤針穿入再下一個針目，鉤織一般的短針。

16 耳朵內側就鉤織好了。

17 鉤完後以鎖針收尾，留下 5cm 線尾後剪線。

接縫組合各部位

以接縫組合的方式，將刺蝟的頭部與身體固定在一起。

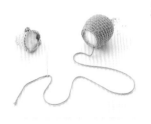

1 實際作品的身體，是用安哥拉山羊毛的毛線及單圈輪狀起針方式來製作。

2 將棉花填入頭部與身體。身體以鎖針收尾，留下40㎝線尾後剪線，接著將線尾穿入毛線縫針。

\ POINT! /

結束處的線尾長度，請以「（接縫圓周長x2）+20㎝」為基準。

3 縫針從針目入針並穿出，將毛線拉到外側，做好縫合的前置作業。

4 縫針穿過頭部結束處隔壁的針目，接著再穿過身體的下一個針目。

5 拉出毛線。第2針也以相同方式，讓縫針穿過頭部與身體的針目縫合半圈。

6 接著塞入補充用的棉花。用鑷子輔助，確實地往裡面填滿內部空間。

7 繼續接縫好所有針目繞完1圈後，從距離較遠處出針，再做藏線處理。

8 接縫組合頭部與身體完成。

\ POINT! /

使用其他線材做接縫組合的話……

本圖中改用頭部的象牙白毛線來做接縫組合，如此一來象牙白色的面積會比原本的大一些。

黏貼裝飾毛球

1 在作為鼻子的裝飾毛球上，塗少量的手工藝用黏著劑。

2 在頭部第1段與第2段之間黏貼上裝飾毛球；再用直針繡繡眼睛，即完成。

小動物 （P.45）

詳細的製作方法請參閱 P.53～P.54

〈 使用的線材 〉

Hamanaka Amerry

小熊　淺褐色（8）…4g　紅色（5）…2g　黃土色（41）…1g

小狗　米色（21）…4g　淺綠色（12）…2g　淺紫色（42）…1g

小兔子　白色（51）…4g　水藍色（29）…2g　粉紅色（27）…1g

〈 其他材料 〉

DMC Happy Cotton

小熊　藏藍色（758）…50cm

小狗　褐色（777）…50cm

小兔子　朱紅色（790）…50cm

手工藝棉花

〈 工具 〉

5/0號鉤針

〈 製作方法 〉

① 鉤織橢圓形身體。

② 填充棉花後縫合開口。

③ 鉤織手、腳及耳朵，再各自接縫在身體上。
（「接縫各部位織片」→請參閱P.38）

④ 繡出臉部表情。

手・腳（3款通用）各2片

□＝小熊 淺褐色　小狗 米色　小兔子 白色

結束處（留下20cm線尾）

起針處（預留20cm線頭）

耳朵（小熊）2片

□＝淺褐色

結束處（留下20cm線尾）

起針處（預留20cm線頭）

耳朵（小狗）2片

□＝米色

結束處（留下20cm線尾）

起針處（預留20cm線頭）

耳朵（小兔子）2片

□＝白色

結束處（留下20cm線尾）

起針處（預留20cm線頭）

身體（3款通用）

□＝小熊 淺褐色　小狗 米色　小兔子 白色

□＝小熊 紅色　小狗 淺綠色　小兔子 水藍色

□＝小熊 黃土色　小狗 淺紫色　小兔子 粉紅色

結束處（留下20cm線尾）

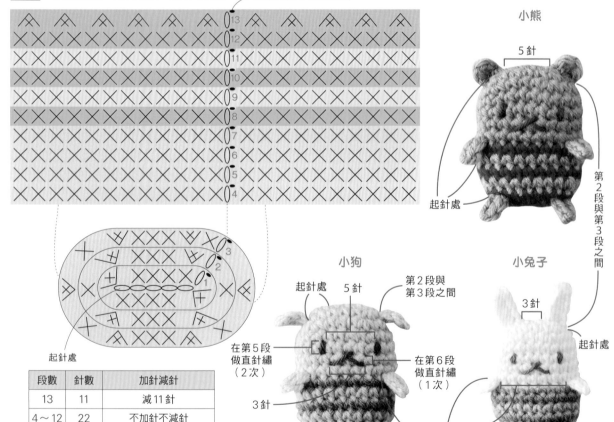

起針處

段數	針數	加針減針
13	11	減11針
4～12	22	不加針不減針
3	22	加6針
2	16	加4針
1	12	鉤5針鎖針做起針

小熊

5針

起針處

第2段與第3段之間

小狗

起針處　5針　第2段與第3段之間

在第5段做直針繡（2次）

在第6段做直針繡（1次）

3針

第11段與第12段之間

起針處

3針

小兔子

3針

起針處

7針

起針處

鉤織橢圓形　｜先用鎖針鉤織橢圓形底部架構，並以此為基礎鉤出立體的橢圓形。

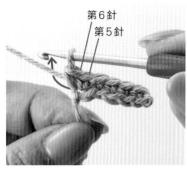

1　在鎖針上以挑裡山的方式鉤
4針短針，接著做短針加針，
在同一個針目內鉤第5針與
第6針。

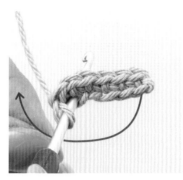

2　將鉤針穿入織片中，把織片
轉180度。

3　將織片上下兩側對調後，繼
續鉤短針。

4　鉤完第7針短針，接著繼續
挑另一側鎖針的針目鉤短針。

5　鉤完一圈的樣子。

6　第2段與第3段的作法和圓
形織片一樣，一邊加針一邊
鉤短針。

7　第4～7段不加針不減針，
在鉤織過程中織片會漸漸翹
起變立體，所以鉤到一半時
要把織片翻面。

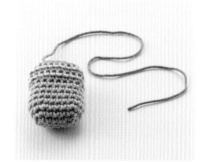

8　第8～12段不加針不減針，
以交替更換不同色線的作法
製作身體。第13段要減11
針，留下20cm線尾後剪線。

縫合橢圓形的開口

*為了清楚辨識，這裡使用不同顏色的毛線來呈現。

1 填充棉花後，將線尾穿入毛線縫針，縫針從鉤織結束處左邊的針目穿出，將毛線拉到外側，做好縫合的前置作業。

5針

2 用手壓平橢圓形的最後一段，讓5個針目相互對齊。

3 用縫針挑起線尾旁針目外側的半目，再從另一側相對應的半目內穿出。

4 下一針也一樣穿過兩側外側的半目。

5 縫5針後，開口就縫好了。

6 縫合開口後，兩端會稍微凸出一些，接下來要做拉平調整的步驟。

7 從稍微凸起端旁邊的針目入針，再從距離較遠處出針。

8 稍微拉緊縫線，原本凸起的地方就會下凹變平。

9 另一端的作法也一樣，用縫針拉平凸起處。最後打上止縫結，做藏線處理，即完成身體部分。

鉤織毛線娃娃 Q & A Part2

Q 如何搭配使用市售的娃娃眼睛？

A 塑膠製的娃娃眼睛有非常多種款式與尺寸，也可以選擇拿來當成毛線娃娃的眼睛。

透明藍眼　　漫畫眼

實心眼　　　水晶眼

〈 用眼睛造型改變臉部表情 〉

圓滾滾的眼睛

眼距稍微分開一點

小小圓圓的眼睛

〈 安裝眼睛的方法 〉

1 用錐子在預計要安裝眼睛的位置上打洞。請先決定好眼睛放置的位置。

2 接著將黏著劑擠入洞口，如果是安裝較小顆的眼睛，則改在眼睛背後的插軸處塗黏著劑。

3 將眼睛背後的插軸插入洞口黏合。

Q 填充棉花的訣竅？

A 由外側向內塞

在填充像是頭部之類的圓球織片時，可以一邊用手指把棉花鬆開，一邊將棉花由外側向內塞入。

A 用錐子輔助

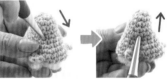

當內側棉花太硬不好塑型或無法將棉花塞入內部細節處時，可以使用錐子輔助，以由下往上的方式用錐子慢慢將棉花推入內部。

Q 如何將毛線娃娃製作成裝飾品？

加上別針

1 準備好市售的別針。

2 與刺繡時一樣先將線穿針打結，並把結藏進內部，再穿過別針的圓孔縫合。

3 縫合另一側的別針圓孔時不需要換線，直接用同一條線縫合即可。

4 別針固定完成。實際在縫合時要選擇能讓鉤織作品保持平衡的位置來縫合。

加上珠鍊

1 準備好珠鍊與單圈。

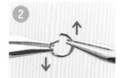
2 用鉗子把單圈的開口交錯向前後扳開。

3 把單圈穿入針目內，再用鉗子夾緊開口。

4 再將珠鍊穿入單圈內即完成！

LESSON 4

本堂要介紹的毛線娃娃基本款，
是將頭部填充好棉花、並以縮口縫收口之後，
再放到身體上進行接縫。

企鵝

在鉤織頭部的過程中要更換毛線顏色；
翅膀則以緣編的方式來製作，再各別接縫於身體兩側。

製作方法 ➡ 企鵝：P.58、魚：P.94
完成尺寸　企鵝：長12㎝×寬7.5㎝、魚：長9.5㎝×寬3㎝

大

小

中

鴨子

大中小三種尺寸的頭部與身體鉤織方法都一樣，
只要改變線材的使用數量，就能做出不同大小的毛線娃娃。

製作方法 ➡ 鴨子：P.64、草莓：P.94

完成尺寸　鴨子（大）：長10㎝×寬8㎝、鴨子（中）：長9㎝×寬6.5㎝、鴨子（小）：長6㎝×寬4.5㎝
　　　　　草莓：長4.5㎝×寬3㎝

〈 使用的線材 〉

Hamanaka Amerry
a 藍色（47）⋯⋯ 14g
b 炭灰色（30）⋯⋯ 14g
a·b 通用　白色（51）⋯⋯ 5g　黃土色（41）⋯⋯ 2g

Hamanaka Amerry F「普通粗細（合太）」
a 橘色（507）⋯⋯ 2g
b 紅色（508）⋯⋯ 2g

〈 其他材料 〉

DMC Happy Cotton
a·b 通用　綠色（781）⋯⋯ 50cm

手工藝棉花

〈 工具 〉

5/0 號鉤針（企鵝）
6/0 號鉤針（圍巾）

〈 製作方法 〉

① 鉤織頭部，填充棉花後以縮口縫收口。
② 鉤織身體，填充棉花後與頭部接縫在一起。
③ 鉤織翅膀和腳，分別接縫在身體上。
④ 鉤織嘴巴，一邊填充棉花一邊將嘴巴接縫在頭部。
⑤ 繡出眼睛。
⑥ 取2條毛線鉤織圍巾後，圍在企鵝脖子上並打結。

嘴巴（a·b 通用）

▢ ＝黃土色

起針處
結束處
（留下30cm線尾）

段數	針數	加針減針
2	12	不加針不減針
1	12	鉤5針鎖針做起針

腳（a·b 通用）2片

▢ ＝黃土色

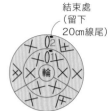

結束處
（留下
20cm線尾）

段數	針數	加針減針
2	9	加3針
1	6	輪狀起針鉤短針

＼ POINT！／

要先鉤頭部，還是先鉤身體呢？

剛接觸鉤針會較不熟悉控制鉤出大小一致的針目，建議先從身體開始鉤。等鉤織得更習慣、順手，且能鉤出漂亮的針目時，再來做外觀顯著的頭部或臉部等部位。

頭部（a·b 通用）

▢ ＝a 藍色　b 炭灰色　　▢ ＝a·b 白色

接縫身體的位置

結束處
（留下20cm線尾）

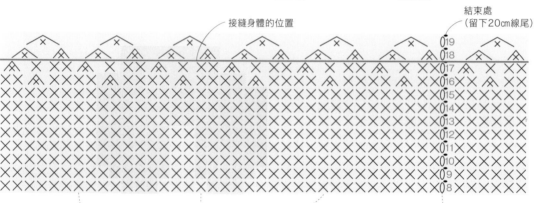

段數	針數	加針減針
19	7	減7針
18	14	減14針
17	28	每段減7針
16	35	
8～15	42	不加針不減針
7	42	
6	36	
5	30	每段加6針
4	24	
3	18	
2	12	
1	6	輪狀起針鉤短針

圍巾（a·b 通用）

▢ ＝a 橘色2條
　　　b 紅色2條

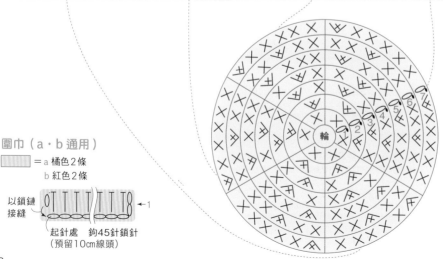

以鎖鏈接縫

起針處　鉤45針鎖針
（預留10cm線頭）

身體（a・b通用）
□ = a 藍色　b 炭灰色
□ = a・b 白

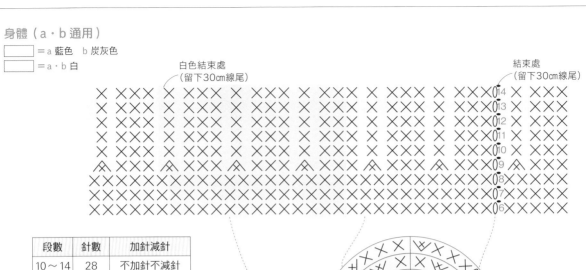

白色結束處
（留下30cm線尾）

結束處
（留下30cm線尾）

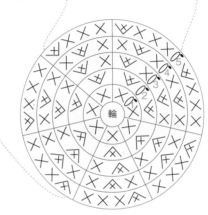

輪

段數	針數	加針減針
10～14	28	不加針不減針
9	28	減7針
6～8	35	不加針不減針
5	35	每段加7針
4	28	
3	21	
2	14	
1	7	輪狀起針鉤短針

往返編

1　鉤完第1段後，先鉤鎖針做下一段的起立針，再依箭頭指示將織片翻面。

2　一邊看著織片背面，一邊鉤下一段。

3　每鉤完一段後，就將織片翻面繼續鉤一段，以往返鉤織的方式鉤完。

翅膀（2片）
□ = a 藍色　b 炭灰色

結束處
（留下20cm線尾）

第1段以挑裡山
的作法鉤織

起針處（預留10cm線頭）

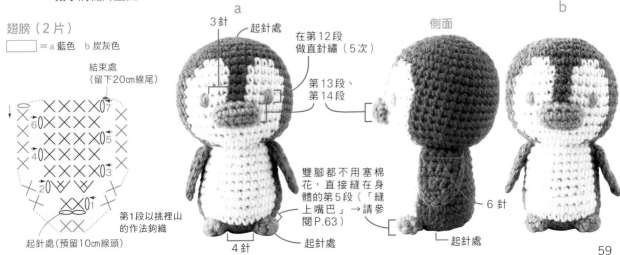

a

3針　起針處

在第12段
做直針繡（5次）

第13段、
第14段

側面　b

雙腳都不用塞棉花，直接縫在身體的第5段（「縫上嘴巴」→請參閱P.63）

6針

4針　起針處

起針處

在同一段更換不同色線 | 以下說明如何在同一段內更換不同色線的作法。

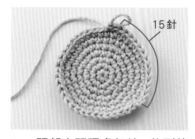

1 頭部由頭頂處起針，鉤到第8段第17針後就要更換顏色。目前鉤織的毛線（藍色）為鉤到第8段第15針的樣子。

2 在第16針未完成的短針狀態下，將不同色線（白色）放在織片背面，鉤針掛線後一併從兩個線圈中穿出。

3 開始改用白色線鉤織。把白色線起始處的線頭與藍色線都放在鉤針上方繼續鉤。

4 要將白色線換回原本的藍色線時，要在前一針未完成的短針狀態下，換掛藍色線。

5 鉤藍色線時，請將白色線的線頭與尾端線段一併鉤入。

6 上圖是從藍色線換成白色線。

7 再從白色線換回藍色線。

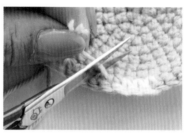

8 由於之前有將白色線的線頭鉤入織片內，所以鉤完後，小心緊貼著織片剪掉多餘的毛線。

9 接著鉤藍色線時，要將白色線的尾端放在鉤針上方，並掛藍色線一併鉤一針短針。

10 只要連同白色線尾端鉤1針即可。接著就先將白色線放在一旁，只鉤藍色線就好。

11 繼續鉤藍色線。白色線暫放備用。

12 鉤完一圈，一直鉤到下一段需要換色處，再將剛才的白色線拉到鉤織位置，下一針開始就用白色線鉤織。

渡線的白色線

\ POINT! /

注意拉線時不要拉太緊

✗

若渡線的長度太短，會導致織片變形，且後續填充棉花時也會撐開織片，所以需要避免將線拉得太緊。

13 將不同色線拉到鉤織位置（稱為渡線）時，請順著圓周的邊緣拉過去。

14 鉤織時，要將渡線的白色線跟藍色線一起鉤入織片內。

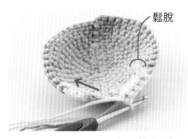

鬆脫

15 將渡線的白色線跟藍色線一起鉤入的樣子。如果出現鬆脫，可輕拉毛線調整。

16 如果渡線的距離較長時，可以不用每一針都鉤入不同色線，可相隔 1～2 個針目，再一併鉤入 1 針。

17 這一針就要把渡線的白色線跟藍色線一起鉤入。

18 內側的樣子。會看見渡線的白色線是以每隔 1 針的方式被鉤在一起。

> 當距離超過 4 個針目以上時，若每一針都要鉤入渡線，織片可能會過厚，建議每隔 2～3 針再一併鉤入 1 針。

19 依照頭部織圖的配色更換毛線顏色鉤織，一直鉤到第 18 段，在白色線的結束處做收線處理。

20 填充完棉花，再鉤第 19 段，並做縮口縫收口與藏線處理。

接縫組合頭部與身體

頭部做完縮口縫收口後，就要接縫在身體的最後一段上。

1 身體結束處尾端的 2 種顏色毛線都要留下 30㎝線尾後剪線，再填充棉花備用。

2 可先用珠針在頭部第 17 段與第 18 段之間做記號，後續要將身體接縫在此處。

3 將身體的最後一段與頭部用珠針標記處組合起來，再用珠針暫時將兩者固定。

＊為了清楚辨識，這裡使用不同顏色的毛線來呈現。

4 　接縫身體白色部分時，請以白色線縫合。將線穿入毛線縫針，用縫針挑起頭部從中心數來的第6針。

5 　再用縫針穿入身體尾端線段旁邊的針目。

\ POINT! /

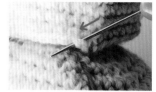

挑毛線縫合時，從內側或外側入針都可以，以自己順手好縫的方式進行即可。

6 　縫針再回到頭部那一側，接著挑起下一個針目。

7 　重複步驟5、6縫完一圈。藍色部分請用藍色線做接縫，最後做藏線處理。

8 　頭部與身體組合接縫在一起。

鉤織翅膀並接縫

在翅膀織片側面鉤1圈短針，做緣編鉤織。

＊為了清楚辨識，這裡使用不同顏色的毛線來呈現。

1 　以鎖針起針，並以往返編的方式鉤到第7段。

2 　接著在織片側面做鉤織，用鉤針挑起段與段之間的針目。

3 　鉤1針短針。接著鉤針挑第5段與第6段之間的針目鉤短針。

4 　第7針要穿入起針處第1針針目的半目內。

5 　繼續掛線鉤短針。

6 　第8針要穿入起針處第2針針目的半目內，鉤1針短針。

7 　另一側的作法與步驟3相同，在織片側邊鉤短針。

8 　最後鉤針挑起第7段第1針針目，鉤1針引拔針。

6針

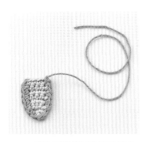

9 鉤完後做鎖針收尾，尾端留下 20cm線尾後剪線，並穿入毛線縫針。

10 接縫翅膀。用縫針穿過頭部與身體交界處的針腳。

11 再用縫針穿過翅膀第 7 段第 2 針的針目。

12 接著用縫針穿入步驟 10 的出線處，並用縫針挑起 1 針短針的針腳。

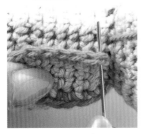

13 重複相同步驟，接縫至尾端，並將縫針穿入翅膀側面的短針針目。

14 再用縫針挑起身體 1 段短針的間距。

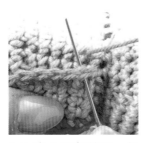

15 穿入頭部的下一個針目內，接著挑起步驟 13 下一段的針目。

16 縫針穿過身體內部，從翅膀另一側出針。另一側與步驟 13 ～ 15 縫 2 針的作法相同，最後做藏線處理即完成。

縫上嘴巴

以下是一邊塞入棉花，一邊做接縫的組合方式。

1 以鉤織橢圓形的作法，製作嘴巴織片，尾端留下 30cm線尾後剪線。

2 將嘴巴放在頭部第 12 段與第 13 段之間的中央，並用珠針暫時固定，盡可能保持橢圓形的外型。

3 配合橢圓形織片的線條，用縫針挑頭部的針目 1 針。

4 再用縫針穿過嘴巴最後一針的針目內。

5 重複步驟 3、4，縫合嘴巴周圍，並從還沒縫合的地方塞入棉花。

6 接縫完一整圈，最後做藏線處理即完成。

鴨子 （P.57）

〈 使用的線材 〉

Hamanaka Itoa 毛線娃娃專用線
大 白色（301）…25g（3條）
中 白色（301）…12g（2條）
小 白色（301）…5g

Hamanaka Amerry F「普通粗細（合太）」
大 原色（501）…2g 深黃色（503）…1g
中・小通用 原色（501）…1g 深黃色（503）…1g

〈 其他材料 〉

DMC Happy Cotton
大・中・小通用 水藍色（786）…50cm

手工藝棉花

〈 工具 〉

8/0號鉤針（大 頭部與身體）
6/0號鉤針（中 頭部與身體）
4/0號鉤針（小 頭部與身體、大・中・小 翅膀、嘴巴、腳）

〈 製作方法 〉

① 鉤織頭部與身體。
② 頭部填充棉花後以縮口縫收口。
③ 身體填充棉花後，與頭部組合接縫在一起。
④ 鉤織翅膀與嘴巴，再接縫於身體兩側及頭部。
⑤ 鉤織雙腳，不需要填充棉花，直接縫合在身體下方。
　　（「縫上嘴巴」→請參閱P.63）
⑥ 繡出眼睛。

嘴巴（大）

▢ ＝深黃色

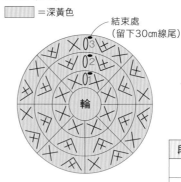

結束處（留下30cm線尾）

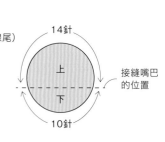

14針

上

下

10針

接縫嘴巴的位置

段數	針數	加針減針
3	24	每段加8針
2	16	
1	8	輪狀起針鉤短針

腳（大）2片

▢ ＝深黃色

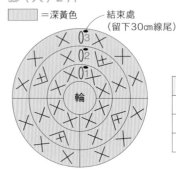

結束處（留下30cm線尾）

段數	針數	加針減針
3	12	不加針不減針
2	12	加4針
1	8	輪狀起針鉤短針

身體（大・中・小通用）

▢ ＝白（大／3條、中／2條、小／1條）

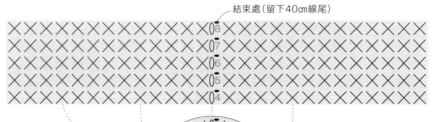

結束處（留下40cm線尾）

段數	針數	加針減針
4～8	26	不加針不減針
3	26	加8針
2	18	加9針
1	9	輪狀起針鉤短針

\ POINT! /

使用2條毛線鉤織時，可以用毛線球的線頭與線尾兩端當成2條毛線來使用；若要使用3條毛線時，就需要再多準備一球毛線。

頭部（大・中・小通用）

□ =白(大／3條、中／2條、小／1條)

接縫身體的位置

結束處（留下20cm線尾）

8～12不加針不減針

輪

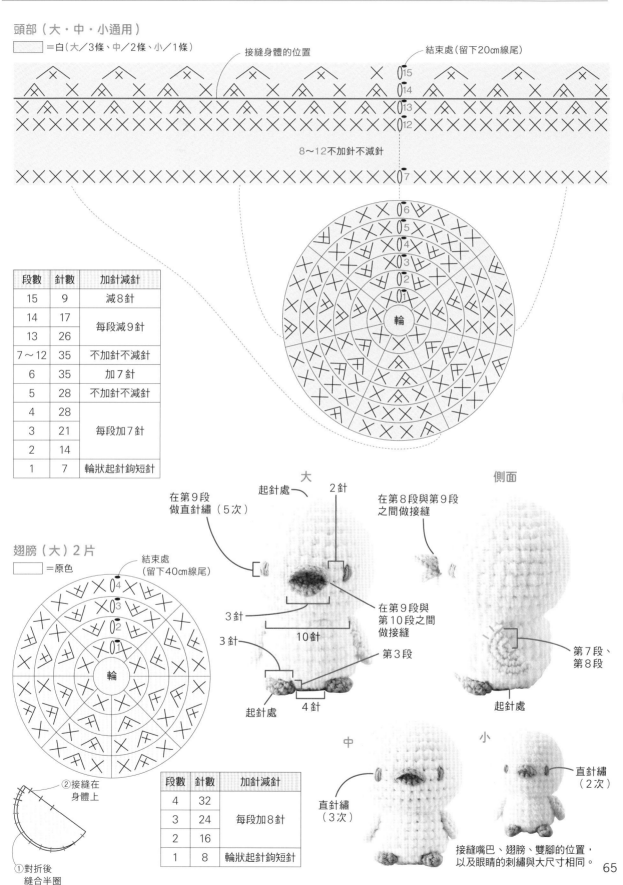

段數	針數	加針減針
15	9	減8針
14	17	每段減9針
13	26	
7～12	35	不加針不減針
6	35	加7針
5	28	不加針不減針
4	28	每段加7針
3	21	
2	14	
1	7	輪狀起針鉤短針

翅膀（大）2片

□ =原色

結束處（留下40cm線尾）

輪

②接縫在身體上

①對折後縫合半圈

段數	針數	加針減針
4	32	每段加8針
3	24	
2	16	
1	8	輪狀起針鉤短針

大

起針處　2針

在第9段做直針繡（5次）

3針

3針

10針

第3段

起針處　4針

在第9段與第10段之間做接縫

側面

在第8段與第9段之間做接縫

第7段、第8段

起針處

中

直針繡（3次）

小

直針繡（2次）

接縫嘴巴、翅膀、雙腳的位置，以及眼睛的刺繡與大尺寸相同。

嘴巴（中）

=深黃色

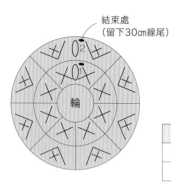

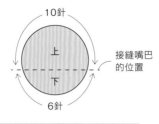

段數	針數	加針減針
2	16	加8針
1	8	輪狀起針鉤短針

嘴巴（小）

=深黃色

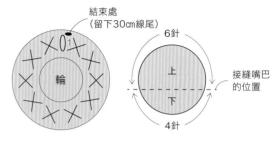

段數	針數	加針減針
1	10	輪狀起針鉤短針

腳（中）2片

=深黃色

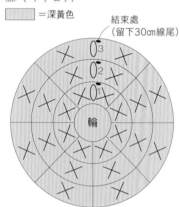

段數	針數	加針減針
2、3	8	不加針不減針
1	8	輪狀起針鉤短針

腳（小）2片

=深黃色

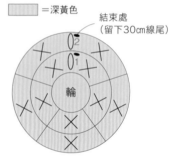

段數	針數	加針減針
2	5	不加針不減針
1	5	輪狀起針鉤短針

翅膀（中）2片

=原色

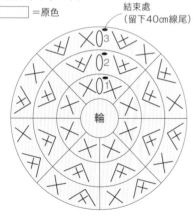

②接縫在身體上

①對折後縫合半圈

段數	針數	加針減針
3	24	每段加8針
2	16	
1	8	輪狀起針鉤短針

翅膀（小）2片

=原色

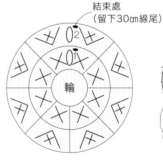

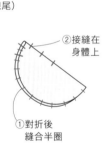

②接縫在身體上

①對折後縫合半圈

段數	針數	加針減針
2	16	加8針
1	8	輪狀起針鉤短針

折疊圓形織片做有弧度的立體嘴巴。

＊為了清楚辨識，這裡使用不同顏色的毛線來呈現。

1　鉤好鴨子嘴巴的圓形織片，留下20cm線尾後剪線，並以鎖針收尾。這裡以大尺寸鴨子作為示範。

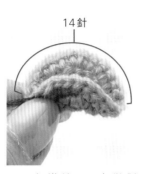

2　在織片2/3處做對折，並將線尾穿入毛線縫針。大尺寸折疊位置為上方有14針，下方有10針之處。

3　將縫針穿入頭部第9段與第10段之間的3個針目。

4　拿起步驟2折疊好的織片，用縫針穿過折疊處兩側的2個針目。

5　再從毛線穿出的針目內入針，並從另一側出針。

6　另一側也是用縫針穿過折疊處兩側的2個針目。

7　拉緊毛線，讓嘴巴兩側的毛線藏入頭部內側。

8　用縫針穿過嘴巴上方圓弧處的1個針目內。

9　並從頭部毛線穿出的針目入針，再穿1針。

10　再從與步驟9同樣的位置入針，並從距離較遠處出針，最後做藏線處理。

11　嘴巴接縫完成。

LESSON ④ 接縫頭部和身體

67

LESSON 5

在身體與頭部加上各別鉤織完成的立體手、腳等部位，
只要以貼合接縫的方式組合，就能做出會晃動的可愛手腳！

河馬、兔子、貓咪

這三款毛線娃娃的手、腳和身體的製作方式都相同。兔子與貓咪的頭部織圖也一樣，
只要在耳朵或臉部裝飾做些改變，就能變化成不同的動物喔！

製作方法 ➡ 貓咪、兔子：P.70、河馬：P.72
完成尺寸　貓咪、兔子：長13cm×寬8cm（不含耳朵）、河馬：長12cm×深10cm

〈 使用的線材 〉

Hamanaka Amerry

貓咪　奶油色（2）⋯ 18g　淺褐色（8）⋯ 3g
　　　水藍色（45）⋯ 2g　藍色（16）⋯ 2g
兔子　粉紅色（28）⋯ 17g　灰白色（20）⋯ 3g
　　　紅色（5）⋯ 2g　灰色（22）⋯ 2g

〈 其他材料 〉

DMC Happy Cotton

貓咪　綠色（781）⋯ 50cm　橘色（753）⋯ 30cm
兔子　藍綠色（784）⋯ 50cm　朱紅色（790）⋯ 30cm
手工藝棉花

〈 工具 〉

5/0 號鉤針

〈 製作方法 〉

① 鉤織頭部與身體，填充棉花後接縫在一起。
　（「接縫組合各部位」→請參閱 P.51）
② 鉤織手、腳、耳朵及尾巴後，各別接縫在指定位置。
③ 繡出臉部表情。

段數	針數	加針減針
13〜18	24	不加針不減針
12	24	減6針
10、11	30	不加針不減針
9	30	減6針
7、8	36	不加針不減針
6	36	每段加6針
5	30	
4	24	
3	18	
2	12	
1	6	輪狀起針鉤短針

手・腳（貓咪・兔子通用）各2片

☐ =貓咪 奶油色　兔子 粉紅色
▨ =貓咪 淺褐色　兔子 灰白色

結束處
（留下20cm線尾）

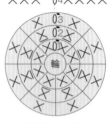

段數	針數	加針減針
8、9	6	不加針不減針
7	6	減2針
3〜6	8	不加針不減針
2	8	筋編不加針不減針
1	8	輪狀起針鉤短針

耳朵（貓咪）2片

☐ =奶油色

結束處
（留下20cm線尾）

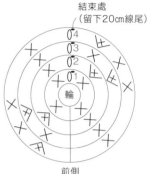

前側

段數	針數	加針減針
4	10	
3	8	每段加2針
2	6	
1	4	輪狀起針鉤短針

身體（貓咪・兔子通用）

☐ =貓咪 奶油色　兔子 粉紅色
▨ =貓咪 藍色　兔子 灰色　☐ =貓咪 水藍色　兔子 紅色

結束處（留下40cm線尾）

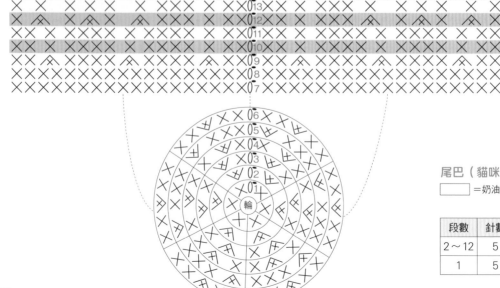

尾巴（貓咪）

☐ =奶油色

結束處
（留下20cm線尾）

3〜11
不加針不減針

段數	針數	加針減針
2〜12	5	不加針不減針
1	5	輪狀起針鉤短針

頭部（貓咪・兔子通用）

□ =貓咪 奶油色　■ 兔子 粉紅色　結束處（留下5cm線尾）

9～13不加針不減針

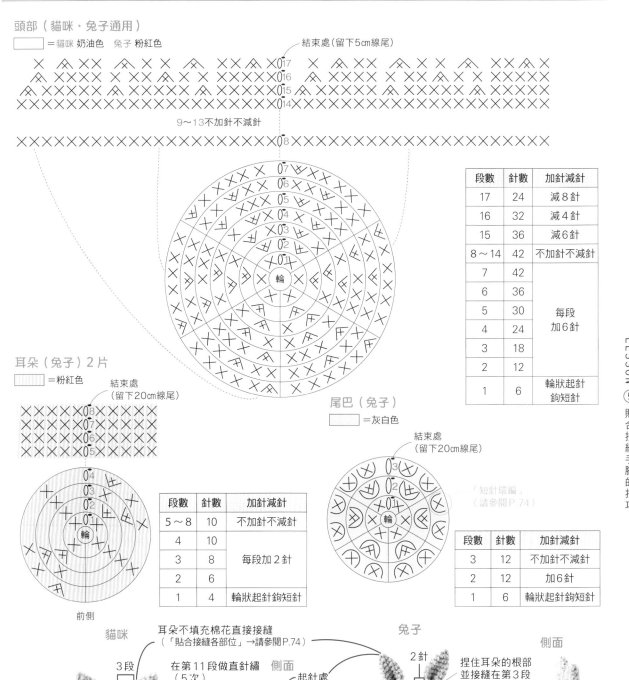

段數	針數	加針減針
17	24	減8針
16	32	減4針
15	36	減6針
8～14	42	不加針不減針
7	42	
6	36	
5	30	每段加6針
4	24	
3	18	
2	12	
1	6	輪狀起針鉤短針

耳朵（兔子）2片

■ =粉紅色　結束處（留下20cm線尾）

前側

段數	針數	加針減針
5～8	10	不加針不減針
4	10	
3	8	每段加2針
2	6	
1	4	輪狀起針鉤短針

尾巴（兔子）

□ =灰白色　結束處（留下20cm線尾）

「短針環編」（請參閱P.74）

段數	針數	加針減針
3	12	不加針不減針
2	12	加6針
1	6	輪狀起針鉤短針

貓咪

耳朵不填充棉花直接接縫
（「貼合接縫各部位」→請參閱P.74）

3段
在第11段做直針繡（5次）
18針
第4～7段
3針
直針繡（1次）
圓弧處以手工藝用黏著劑貼合固定
在第11段與第12段之間做直針繡（3次）1個針目寬
10針
第16段
2針
起針處

兔子

2針
起針處
7針
捏住耳朵的根部並接縫在第3段
在第12段、第13段做直針繡（1次）
1針
3針
在第11段做直針繡（5次）
第6段
起針處
在第6段做接縫（「貼合接縫各部位」→請參閱P.74）
在第8段縫合固定

側面

2針
接縫手、腳的位置與貓咪相同。
第6～7段

71

〈 使用的線材 〉

Hamanaka Amerry
藍灰色（29）… 19g　綠色（14）… 2g
芥末黃（3）… 2g　紫色（35）… 2g

〈 其他材料 〉

DMC Happy Cotton
黃土色（794）… 50㎝
胭脂紅（791）… 50㎝

手工藝棉花

〈 工具 〉

5/0 號鉤針

〈 製作方法 〉

① 鉤織頭部與鼻子，填充棉花後接縫在一起。
② 鉤織身體，填充棉花後與頭部組合接縫在一起。
③ 鉤織手與腳，填充棉花後，貼合接縫在身體上。
④ 鉤織耳朵與尾巴後，接縫在頭部與身體上。
⑤ 繡出臉部表情。

手・腳（各2片）

☐ ＝藍灰色
▨ ＝紫色

結束處
（留下20㎝線尾）

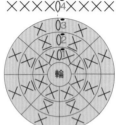

段數	針數	加針減針
8、9	6	不加針不減針
7	6	減2針
3～6	8	不加針不減針
2	8	筋編不加針不減針
1	8	輪狀起針鉤短針

結束處
（留下20㎝線尾）

耳朵（2片）

☐ ＝藍灰色

上方

段數	針數	加針減針
2	9	加3針
1	6	輪狀起針鉤短針

身體

☐ ＝藍灰色　☐ ＝芥末黃　▨ ＝綠色

結束處
（留下40㎝線尾）

\ POINT! /

製作手或腳時若沒有
鉤出一樣大的織片，在
拆開重鉤前可以先另
外再鉤1片，再挑選大
小相近的2片來使用。

段數	針數	加針減針
13～18	24	不加針不減針
12	24	減6針
10、11	30	不加針不減針
9	30	減6針
7、8	36	不加針不減針
6	36	
5	30	
4	24	每段加6針
3	18	
2	12	
1	6	輪狀起針鉤短針

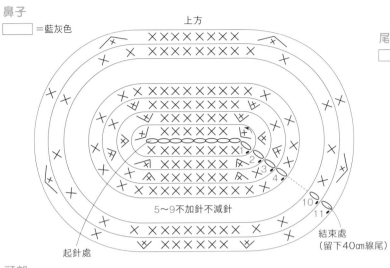

鼻子
☐ =藍灰色
上方
5～9不加針不減針
起針處
結束處
（留下40cm線尾）

尾巴
☐ =藍灰色

結束處
（留下20cm線尾）
←1
起針處（預留20cm線頭）

段數	針數	加針減針
11	24	減6針
4～10	30	不加針不減針
3	30	每段加6針
2	24	
1	18	鉤8針鎖針做起針

頭部
☐ =藍灰色

結束處（留下5cm線尾）
15
14
13
12
11
10
9
8
7
6
5
4
3
2
1
輪

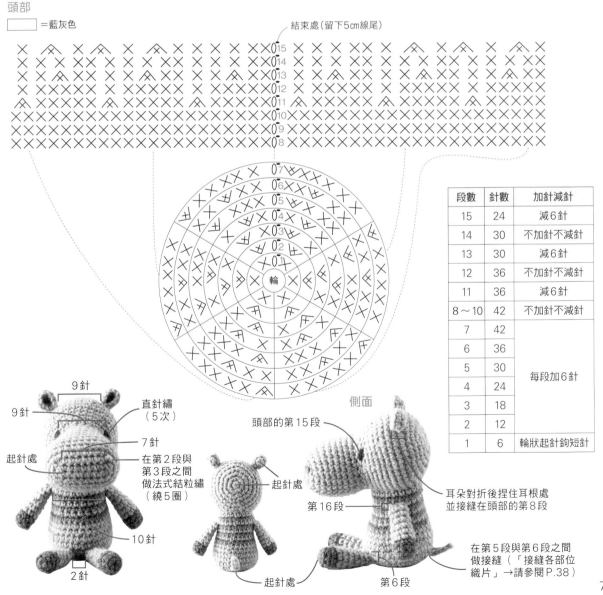

段數	針數	加針減針
15	24	減6針
14	30	不加針不減針
13	30	減6針
12	36	不加針不減針
11	36	減6針
8～10	42	不加針不減針
7	42	每段加6針
6	36	
5	30	
4	24	
3	18	
2	12	
1	6	輪狀起針鉤短針

9針
9針
直針繡
（5次）
起針處
7針
在第2段與
第3段之間
做法式結粒繡
（繞5圈）
10針
2針

起針處

頭部的第15段

側面

第16段
耳朵對折後捏住耳根處
並接縫在頭部的第8段

在第5段與第6段之間
做接縫（「接縫各部位
織片」→請參閱P.38）

起針處
第6段

73

以環編鉤織尾巴

一邊用手指繞出線圈一邊鉤短針，製作短針環編。

 短針環編

＊為了清楚辨識，這裡使用不同顏色的毛線來呈現。

兔子尾巴是用線圈做出毛茸茸的效果，請用環編技巧製作。

〈從側面看〉

1 將鉤針穿入針目，如圖所示用中指壓住掛在食指上的毛線。

2 用壓住毛線的中指捏著織片背面。右圖為從側面看的樣子。只要用中指壓住一定長度的毛線，就能做出線圈大小相近的環編鉤織。

〈從背面看〉

〈從背面看〉

3 在中指壓住毛線的狀態下鉤短針。

4 鉤好 1 針短針環編。

5 移開中指就會看到背面出現一個線圈。以相同步驟繼續鉤下一針。

6 鉤好 3 針短針環編的樣子。重複相同步驟鉤織即可。

貼合接縫各部位

以下將介紹如何以貼合接縫的方式接縫手或腳等部位。

＊為了清楚辨識，這裡使用不同顏色的毛線來呈現。

兔子、貓咪、河馬的手、腳，以及狐狸、無尾熊（P.76）的手，都是以貼合接縫的作法來縫合。

1 鉤織手、腳等部位時，留下20cm線尾後剪線，並以鎖針收尾。只需要在前端處稍微塞一點棉花即可。

2 將線尾穿入毛線縫針，先做縫合的前置作業，再用縫針挑起接合位置上的 1 針針目。

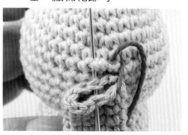

3 先對齊壓平手或腳等接縫部位的最後一段，再用縫針穿過尾端線段旁相對的 2 個針目，接著挑起步驟 2 隔壁的針目。

4 以相同作法接縫每一組針目，一直縫合到手或腳等接縫部位的最後一組針目。

5 用縫針挑起手或腳等接縫部位的最後一個針目，再穿回毛線出線處的針目內，最後做藏線處理。

鉤織毛線娃娃 Q & A Part 3

Q 線材打結了怎麼辦？

A 以下是當線材出現死結時的處理方法，其中步驟 ③～⑤ 的作法，也適用於鉤到一半線材不夠時的換線處理。

在鉤織過程中，發現線材上有死結。

用剪刀修剪掉死結。

在未完成的短針狀態下，將原本鉤織的線材移到織片前方，並用鉤針掛後續要使用的線材做鉤織。

再將剛剛移到織片前的線材放回背面，後續鉤織時不用一併鉤入，等鉤完這段後，再將兩個線頭相互打兩個結。

在距離打結處留下約1cm的長度後剪線。

鉤針編織的基礎

鎖針

① 鉤針掛線，再依箭頭指示從線圈中鉤出來。

② 重複同樣的作法。

 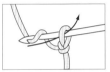

短針

① 依箭頭指示，將鉤針穿入前一段的針目。

② 鉤針掛線後穿出，接著鉤針再度掛線。

③ 依箭頭指示，一併從掛在鉤針上的兩個線圈中穿出來。

中長針

① 鉤針先掛線，再將鉤針穿入前一段的針目。

② 鉤針掛線後穿出，接著鉤針再度掛線。

③ 依箭頭指示，一併從掛在鉤針上的三個線圈中穿出來。

  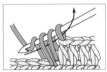

長針

① 鉤針先掛線，再將鉤針穿入前一段的針目。

② 鉤針掛線後穿出，接著鉤針再度掛線，從前兩個線圈中穿出來。

③ 鉤針再度掛線，依箭頭指示，一併從掛在鉤針上的兩個線圈中穿出來。

LESSON 6

先鉤 1 隻腳，再鉤另 1 隻腳，
接著就能將這 2 隻腳鉤織在一起，並繼續往上鉤出身體。

76

狐狸、無尾熊

無論是從2隻腳開始鉤出身體或是手的織圖，
這兩款的作法都相當類似。手的作法與LESSON 5相同，
都是用貼合接縫的方式縫合在身體上。

製作方法 ➡ 狐狸：P.78、無尾熊：P.82、橡實／葉片：P.95
完成尺寸　狐狸、無尾熊：長14㎝×寬8㎝（不含耳朵）
　　　　　葉片：長6㎝×寬3㎝、橡實：長4㎝×寬3㎝

〈 使用的線材 〉

Hamanaka Amerry
橘色（4）… 17g　灰白色（20）… 4g
黑色（52）… 2g

〈 其他材料 〉

DMC Happy Cotton
胭脂紅（791）… 50 cm
綠色（781）… 30 cm

手工藝棉花

〈 工具 〉

5/0號鉤針

〈 製作方法 〉

① 鉤織頭部，填充棉花後以縮口縫收口。
② 鉤織鼻子，一邊填充棉花一邊接縫在頭部。
③ 鉤織2隻腳後，接續鉤出身體。
④ 腳與身體填充棉花，再與頭部組合接縫在一起。
⑤ 鉤織胸口後縫合在身體上。
⑥ 鉤織耳朵後貼合接縫在頭上。
⑦ 鉤織手部，只在手部前端填充棉花，再貼合接縫在身體上。
⑧ 鉤織尾巴，填充棉花後以縮口縫收口，再接縫在身體上
⑨ 繡出臉部表情。

鼻子

▨ ＝橘色　　▧ ＝灰白色

段數	針數	加針減針
4	12	每段加2針
3	10	
2	8	
1	6	輪狀起針鉤短針

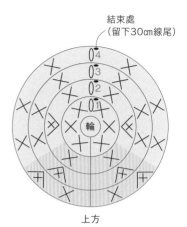

結束處
（留下30cm線尾）

上方

尾巴

▨ ＝橘色　　▧ ＝灰白色

段數	針數	加針減針
15	5	每段減5針
14	10	
6～13	15	不加針不減針
5	15	加5針
4	10	不加針不減針
3	10	加5針
2	5	不加針不減針
1	5	輪狀起針鉤短針

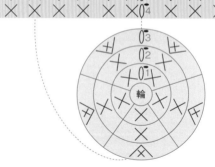

結束處
（留下20cm線尾）

7～12不加針不減針

耳朵（2片）

▨ ＝橘色　　▨ ＝黑色

段數	針數	加針減針
5	12	不加針不減針
4	12	每段加3針
3	9	
2	6	不加針不減針
1	6	輪狀起針鉤短針

結束處
（留下30cm線尾）

頭部

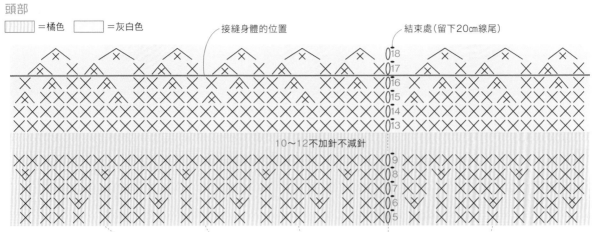

◯▨▨▨▨ =橘色　☐ =灰白色

接縫身體的位置

結束處（留下20㎝線尾）

10〜12不加針不減針

段數	針數	加針減針
18	9	每段減9針
17	18	
16	27	
15	36	減6針
9〜14	42	不加針不減針
8	42	加7針
7	35	不加針不減針
6	35	加7針
5	28	不加針不減針
4	28	每段加7針
3	21	
2	14	
1	7	輪狀起針鉤短針

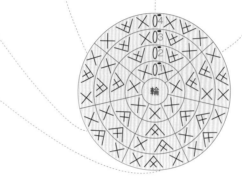

手（2片）

◯▨▨▨▨ =橘色　☐ =灰白色
▨▨▨ =黑色

結束處
（留下20㎝線尾）

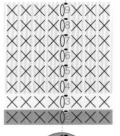

段數	針數	加針減針
2〜9	7	不加針不減針
1	7	輪狀起針鉤短針

胸口

☐ =灰白色

結束處（留下40㎝線尾）

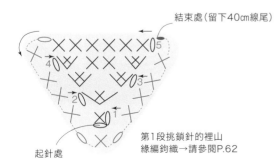

起針處

第1段挑鎖針的裡山
緣編鉤織→請參閱P.62

身體

█ =橘色

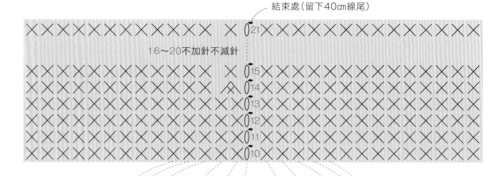

結束處（留下40cm線尾）

16～20不加針不減針

段數	針數	加針減針
15～21	27	不加針不減針
14	27	減1針
10～13	28	不加針不減針
9	28	從腳挑針目鉤28針

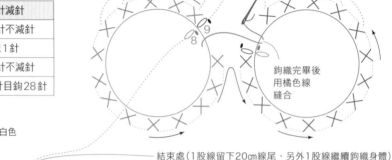

鉤織完畢後
用橘色線
縫合

腳（2片）

█ =橘色　□ =灰白色
█ =黑色

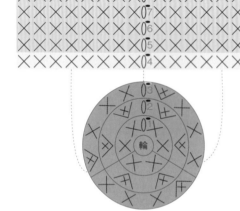

結束處（1股線留下20cm線尾，另外1股線繼續鉤織身體）

段數	針數	加針減針
4～8	15	不加針不減針
3	15	加3針
2	12	加6針
1	6	輪狀起針鉤短針

不必填充棉花，接縫出有弧度的耳朵
（「貼合接縫各部位」→請參閱 P.74）

起針處
3段

第6段與
第7段之間

起針處

7針

起針處

在第11段
做直針繡（5次）

5針

在第1段與第2段之間
做直針繡（5次）
1個針目寬

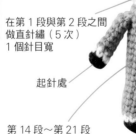
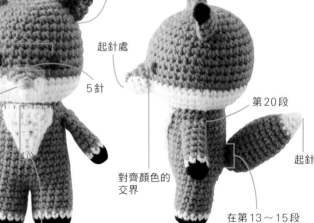

起針處

第20段

對齊顏色的
交界

起針

在第13～15段
做接縫

第14段～第21段
做接縫（「接縫翅膀」
→請參閱P.63）

起針處

從 2 隻腳起針鉤出身體

以下要介紹連接 2 隻腳後，接續往上鉤出身體的作法。

狐狸與無尾熊的作法都是先各別鉤好 2 隻腳，接著再將 2 隻腳鉤織在一起，並接續往上鉤出身體。

1 以輪狀起針各別鉤出 2 隻腳。其中 1 隻腳鉤完後留下 20cm 線尾，並以鎖針收尾。另 1 隻腳則不要剪斷線。

2 先取出連接毛線的那隻腳，繼續鉤到第 9 段第 14 針。第 15 針先不要鉤。

3 將鉤針穿入另 1 隻腳的第 1 針內，並將線尾放在外側，接著鉤短針。

4 毛線就連接到另 1 隻腳上了。

5 另 1 隻腳也鉤 14 針短針，再與第 1 針做引拔針。

6 將 2 隻腳鉤在一起了。

7 從第 10 段開始鉤織身體，以不加針不減針的方式製作。

8 由於 2 隻腳各有 1 針沒鉤，胯下會有一個小洞。接著拿步驟 3 放在外側的線段，穿入毛線縫針用來縫合小洞。

9 將縫針穿過相對的兩個短針針目。

10 再穿回同一個針目內，並從織片背面出針，拉出毛線。

11 縫合好洞口，剩餘的毛線以織片背面的剪線收線方式收尾。

〈 使用的線材 〉

Hamanaka Amerry
灰色（22）‥‥ 18g　深褐色（9）‥‥ 3g
米白色（21）‥‥ 1g

Hamanaka itoa 毛線娃娃專用線
白色（301）‥‥ 1g

〈 其他材料 〉

DMC Happy Cotton
藍綠色（784）‥‥ 50㎝

手工藝棉花

〈 工具 〉

5/0 號鉤針

〈 製作方法 〉

① 鉤織頭部，填充棉花後以縮口縫收口。
② 鉤織2隻腳後，接續鉤出身體。
③ 腳與身體填充棉花，再與頭部組合接縫在一起。
④ 鉤織耳朵與胸口後，接縫在頭部與身體上。
⑤ 鉤織鼻子，填充棉花後接縫在頭部。
⑥ 鉤織手部，只在手部前端填充棉花，再貼合接縫在身體上。
⑦ 繡出臉部表情。

鼻子

　■ ＝深褐色

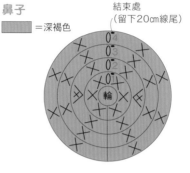

結束處
（留下20㎝線尾）

段數	針數	加針減針
3、4	8	不加針不減針
2	8	加2針
1	6	輪狀起針鉤短針

手（2片）

　■ ＝深褐色　　■ ＝米白色
　■ ＝灰色

段數	針數	加針減針
2～9	7	不加針不減針
1	7	輪狀起針鉤短針

結束處
（留下20㎝線尾）

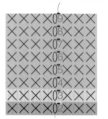

接縫身體的位置　　　　結束處（留下20㎝線尾）

10～13不加針不減針

頭部

　■ ＝灰色

段數	針數	加針減針
18	9	
17	18	每段減9針
16	27	
15	36	減6針
9～14	42	不加針不減針
8	42	加7針
7	35	不加針不減針
6	35	加7針
5	28	不加針不減針
4	28	
3	21	每段加7針
2	14	
1	7	輪狀起針鉤短針

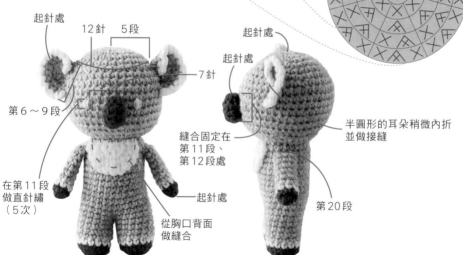

起針處
12針　5段
7針
第6～9段
在第11段
做直針繡
（5次）
縫合固定在
第11段、
第12段處
從胸口背面
做縫合
起針處
起針處
起針處
半圓形的耳朵稍微內折
並做接縫
第20段
起針處

耳朵（2片）
　■=灰色　□=白色

胸口
　□=白色

◁ 接線
◆► 剪線 (▶ 剪線)

結束處
（留下30cm線尾）

結束處
（留下40cm線尾）

段數	針數	加針減針
4	24	緣編
3	12	每段加4針
2	8	
1	4	輪狀起針鉤短針

身體
　■=灰色

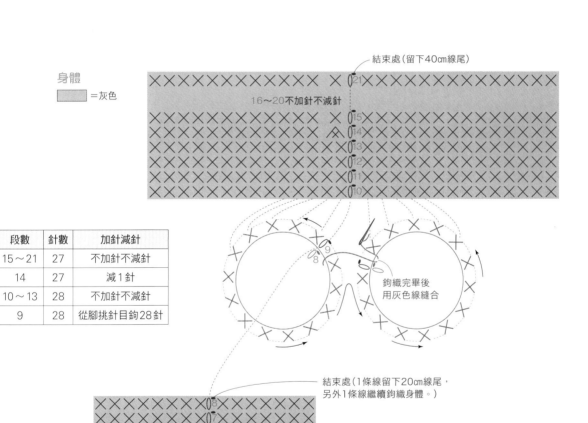

結束處（留下40cm線尾）

16～20不加針不減針

鉤織完畢後
用灰色線縫合

段數	針數	加針減針
15～21	27	不加針不減針
14	27	減1針
10～13	28	不加針不減針
9	28	從腳挑針目鉤28針

結束處（1條線留下20cm線尾，
另外1條線繼續鉤織身體。）

腳（2片）
　■=灰色
　▥=米白色
　▨=深褐色

段數	針數	加針減針
4～8	15	不加針不減針
3	15	加3針
2	12	加6針
1	6	輪狀起針鉤短針

LESSON ⑥ 從2隻腳起針鉤織

LESSON 7

鉤織以 4 腳站立的娃娃

一邊運用截至目前學到的各種技巧，

一邊製作出以 4 腳站立的毛線娃娃。

小鹿

活用在本書學到的所有技巧來做毛線娃娃吧！
例如運用從腳開始往上鉤出身體的方法，
以及中途更換毛線顏色的技巧等等。

製作方法 ➡ 小鹿：P.86
　　　　　　三角形樹木：P.92
　　　　　　圓形樹木：P.93
完成尺寸　　小鹿：長 15 cm×寬 14 cm（深）
　　　　　　三角形樹木：高 8 cm×厚 4 cm
　　　　　　圓形樹木：高 5.5 cm×厚 4 cm

羊駝

白色的圈圈線非常適合用來鉤織羊駝，
先做出連著脖子的頭部，再縫上臉部的織片。

製作方法 ➡ P.90
完成尺寸　長 14 cm × 寬 13 cm（深）

〈 使用的線材 〉

Hamanaka Amerry
褐色(49)‥‥20g　米白色(21)‥‥7g

〈 其他材料 〉

DMC Happy Cotton
奶油色(787)‥‥70㎝
水藍色(786)‥‥50㎝
胭脂紅(791)‥‥30㎝

手工藝棉花

〈 工具 〉

5/0 號鉤針

〈 製作方法 〉

① 鉤織好 4 隻腳後，接續鉤織身體與脖子。
② 從後腳之間挑針目鉤織肚子，以縮口縫收口。
③ 鉤織頭部，填充棉花後以縮口縫收口。
④ 身體與脖子填好棉花並縫合背部開口，
　　再與頭部組合接縫在一起。
⑤ 鉤織耳朵與尾巴，再貼合接縫在頭部與身體上。
⑥ 繡出臉部表情與身體花紋。

腳（前腳 2 片、後腳 2 片）

　=褐色　　=米白色

結束處(3隻腳留下10cm線尾，
1隻後腳鉤完不要剪線，
繼續鉤織身體。)

※前腳鉤12段，
　後腳鉤11段。

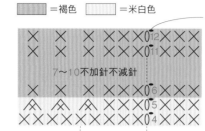

鹿蹄

段數	針數	加針減針
（12）	（9）	（僅前腳）
6～11	9	不加針不減針
5	9	減3針
4	12	不加針不減針
3	12	筋編不加針不減針
2	12	加4針
1	8	輪狀起針鉤短針

頭部

　=褐色　　=米白色

段數	針數	加針減針
20	7	每段減7針
19	14	
18	21	
8～17	28	不加針不減針
7	28	每段加6針
6	22	
5	16	加3針
4	13	加4針
3	9	不加針不減針
2	9	加3針
1	6	輪狀起針鉤短針

結束處（留下20cm線尾）

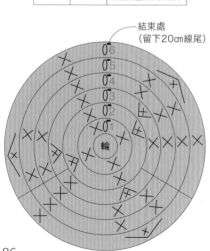

前側

結束處（留下20cm線尾）

9～11不加針不減針

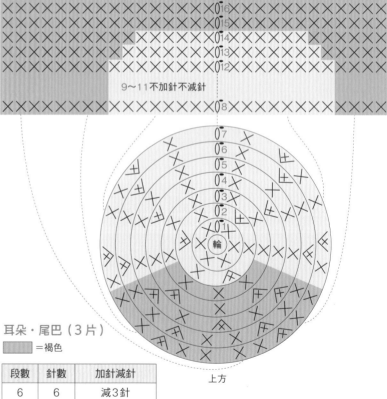

上方

耳朵・尾巴（3 片）

　=褐色

段數	針數	加針減針
6	6	減3針
4、5	9	不加針不減針
3	9	加3針
2	6	加2針
1	4	輪狀起針鉤短針

脖子
■ =褐色

結束處（留下30cm線尾）

⊲ 接線

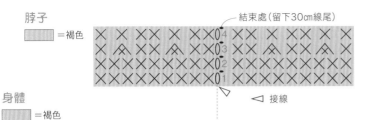

段數	針數	加針減針
4	14	不加針不減針
3	14	減4針
2	18	不加針不減針
1	18	在身體上做接線

身體
■ =褐色

結束處（留下40cm線尾）

5～10不加針不減針

段	針數	加針減針
4～11	47	不加針不減針
3	47	加5針
2	42	不加針不減針
1	42	挑4隻腳的針目起針

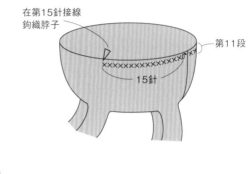

在第15針接線
鉤織脖子

第11段

15針

肚子
⊲ 接線
■ =褐色

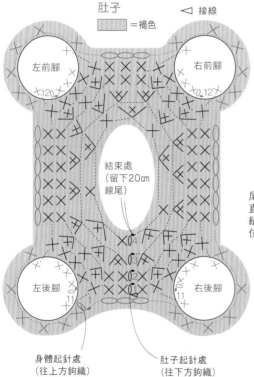

左前腳　右前腳
×12○×　×○12×

結束處
（留下20cm
線尾）

左後腳　右後腳
○11　○11

身體起針處
（往上方鉤織）

肚子起針處
（往下方鉤織）

段數	針數	加針減針
4	10	減5針
3	15	減15針
2	30	減8針
1	38	挑身體和腳的針目起針

正面　6針

在第1段上半部
做直針繡（5次）
3個針目寬

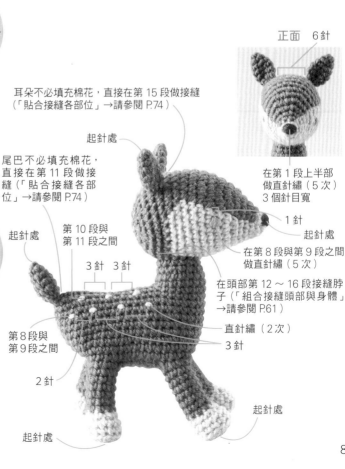

耳朵不必填充棉花，直接在第15段做接縫
（「貼合接縫各部位」→請參閱 P.74）

尾巴不必填充棉花，
直接在第11段做接
縫（「貼合接縫各部
位」→請參閱 P.74）

第10段與
第11段之間

起針處

3針　3針

第8段與
第9段之間

起針處

1針

起針處

在第8段與第9段之間
做直針繡（5次）

在頭部第12～16段接縫脖
子（「組合接縫頭部與身體」
→請參閱 P.61）

直針繡（2次）

3針

2針

起針處

起針處

起針處

從 4 隻腳開始鉤出身體　　以下介紹連接 4 隻腳並接續鉤出身體的作法。

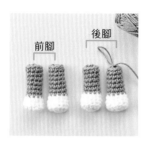

1　鉤織好 4 隻腳。其中 1 隻後腳鉤完不要剪線。另外 3 隻以鎖針收尾並做藏線處理。

2　4 隻腳都確實填充棉花。

3　先取出連接毛線的那隻後腳，以短針鉤到第 11 段第 6 針。這隻腳作為左後腳。

4　接著鉤 6 針鎖針，用於連接左前腳。

5　將鉤針穿入左前腳第 12 段第 1 針的針目內，也就是起立針左邊的第 1 針。

6　在左前腳上鉤 6 針短針。

7　接著鉤 3 針鎖針，用於連接右前腳。

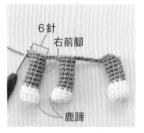

8　將鉤針穿入右前腳起立針旁的第 4 針短針針目內，再鉤 6 針短針。

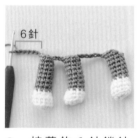

9　接著鉤 6 針鎖針，用於連接右後腳。

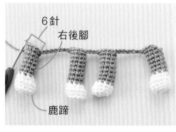

10　將鉤針穿入右後腳起立針旁的第 4 針針目內，再鉤 6 針短針。

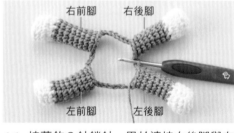

11　接著鉤 3 針鎖針，用於連接右後腳與左後腳，再用鉤針挑起左後腳第 1 針短針靠自己側的半目鉤引拔針，身體的第 1 段就鉤好了。

12　身體第 2 段以不加針不減針製作，先鉤 6 針短針。

13　第 7 針開始在鎖針上以挑裡山的作法鉤短針。

14　繼續鉤短針。

15　鉤完 1 圈，完成身體的第 2 段。

16 第 3 段要加 5 針。第 4 段開始以不加針不減針的方式鉤到第 11 段。

17 以短針鉤完身體，留下 40cm 線尾後剪線，並以鎖針收尾。

14針

18 脖子以接新線的方式製作。鉤針穿入第 11 段第 15 針的針目後掛上新線。

19 鉤出線後，新線就接好了。

20 鉤起立針 1 針鎖針後，開始鉤脖子的第 1 段。

21 要把起針處的線頭一併鉤入短針內，約鉤 4～5 針，再貼著織片剪掉多餘的毛線。

22 鉤 18 針短針，製作脖子。

棉花

23 將鉤針穿入脖子第 1 針短針靠自己側的半目。

24 鉤 1 針引拔針。完成脖子的第 1 段。

25 鉤起立針 1 針鎖針後，接著鉤脖子的第 2 段，繼續鉤到第 4 段，完成脖子。

26 肚子從兩隻後腳的中間接新線，並往下方鉤織，再以鎖針收尾，並做藏線處理。

27 填充棉花，縫合背部開口。將步驟 17 的線尾穿入毛線縫針做縫合的前置作業。

28 用縫針穿入兩側短針外側的半目，依序縫合後背。

29 最後用縫針挑起脖子根部的針目穿入。

30 再次從右側穿入最後縫針的入針處，接著從較遠處出針並做藏線處理。

31 小鹿的身體、四隻腳和脖子完成。接著鉤織頭部，填充好棉花以鎖針收尾，再與身體接縫。

羊駝 （P.85）

〈 使用的線材 〉

DMC BOUCLETTE
雪花白（01）⋯⋯ 24g

DMC Happy Cotton
米白色（773）⋯⋯ 4g

〈 其他材料 〉

DMC Happy Cotton
水藍色（786）⋯⋯ 50cm
褐色（777）⋯⋯ 30cm

手工藝棉花

〈 工具 〉

5/0號鉤針

〈 製作方法 〉

① 鉤織身體，填充棉花後以縮口縫收口。
② 鉤織脖子，填充棉花後接縫在身體上。
③ 鉤織 4 隻腳，填充棉花後接縫在身體上。
④ 鉤織臉部，填充棉花後接縫在頭部。
⑤ 鉤織耳朵與尾巴，接縫在頭部與身體。
⑥ 在臉部繡出眼睛與鼻子。

耳朵（2片）

▨＝米白色

尾巴

▭＝雪花白

結束處
（留下20cm線尾）

起針處
（預留20cm線頭）

←1

臉部

▨＝米白色　▭＝雪花白

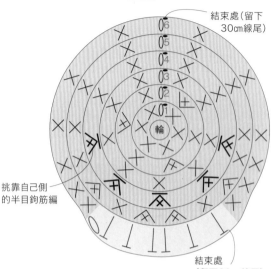

結束處（留下
30cm線尾）

挑靠自己側
的半目鉤筋編

結束處
（留下20cm線尾）

段數	針數	加針減針
6	18	不加針不減針
5	18	加4針
4	14	加5針
3	9	不加針不減針
2	9	加3針
1	6	輪狀起針鉤短針

脖子

▭＝雪花白

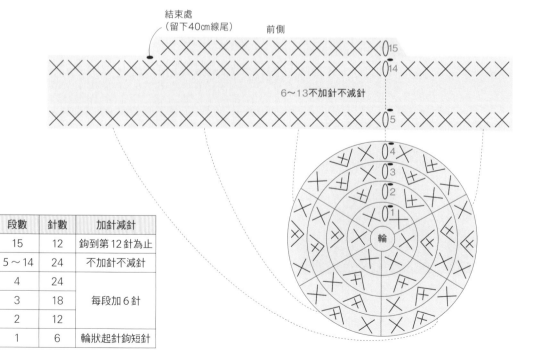

結束處
（留下40cm線尾）

前側

6～13不加針不減針

段數	針數	加針減針
15	12	鉤到第12針為止
5～14	24	不加針不減針
4	24	每段加6針
3	18	
2	12	
1	6	輪狀起針鉤短針

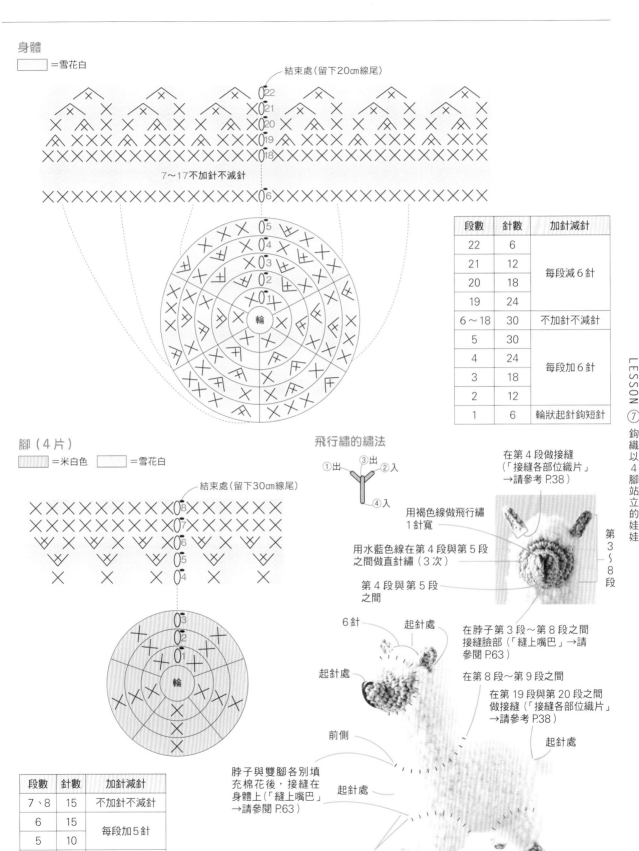

身體

□ =雪花白

結束處（留下20cm線尾）

22
21
20
19
18

7～17不加針不減針

6

輪

段數	針數	加針減針
22	6	每段減6針
21	12	
20	18	
19	24	
6～18	30	不加針不減針
5	30	每段加6針
4	24	
3	18	
2	12	
1	6	輪狀起針鉤短針

腳（4片）

▨ =米白色　□ =雪花白

結束處（留下30cm線尾）

8
7
6
5
4

3
2
1

輪

段數	針數	加針減針
7、8	15	不加針不減針
6	15	每段加5針
5	10	
2～4	5	不加針不減針
1	5	輪狀起針鉤短針

飛行繡的繡法

①出　③出
　　②入
④入

用褐色線做飛行繡
1針寬

用水藍色線在第4段與第5段
之間做直針繡（3次）

第4段與第5段
之間

在第4段做接縫
（「接縫各部位織片」
→請參考 P.38）

第3～8段

6針　起針處

起針處

在脖子第3段～第8段之間
接縫臉部（「縫上嘴巴」→請
參閱 P.63）

在第8段～第9段之間

在第19段與第20段之間
做接縫（「接縫各部位織片」
→請參考 P.38）

起針處

前側

起針處

脖子與雙腳各別填
充棉花後，接縫在
身體上（「縫上嘴巴」
→請參閱 P.63）

腳與腳之間要間隔2針

起針處

幸運草、迷你幸運草　（P.33）

〈 使用的線材 〉

DMC Happy Cotton
a 淺綠色（780）…… 1g
b 綠色（781）…… 1g

DMC 25號刺繡線
c 淺綠色（702）…… 150cm
d 綠色（910）…… 150cm

〈 工具 〉

5/0號鉤針（a・b）
2/0號鉤針（c・d）

〈 製作方法 〉

① 以輪狀起針，製作4次「2針鎖針、引拔針」。
② 縮緊輪狀起針的線圈。
③ 以鎖針鉤織莖部線條，再以引拔針返回起針處。
④ 以挑整條鎖針的方式，挑第1段的2個鎖針並接續鉤織葉片。

　　　＝a 淺綠色　b 綠色　c 淺綠色　d 綠色

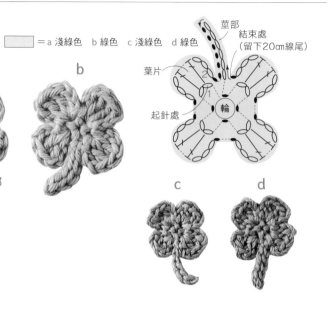

葉片

莖部

結束處
（留下20cm線尾）

葉片

起針處

葉片

莖部

三角形樹木　（P.45、84）

〈 使用的線材 〉

Hamanaka Amerry
a 綠色（14）…… 4g
　橘色（4）…… 1.5g
b 深綠色（34）…… 4g
　褐色（50）…… 1.5g

〈 其他材料 〉

手工藝棉花

〈 工具 〉

5/0號鉤針

〈 製作方法 〉

① 鉤織樹葉，填充棉花後，以縮口縫收口。
② 鉤織樹幹後填充棉花，再接縫樹葉與枝幹。

樹葉（a・b 通用）

　　　＝a 綠色　b 深綠色

結束處（留下20cm線尾）

段數	針數	加針減針
16	10	每段減10針
15	20	
14	30	不加針不減針
13	30	
12	27	每段加3針
11	24	
10	21	
9	18	不加針不減針
8	18	加3針
7	15	不加針不減針
6	15	加3針
5	12	不加針不減針
4	12	加3針
3	9	不加針不減針
2	9	加3針
1	6	輪狀起針鉤短針

樹幹（a・b 通用）

　　　＝a 橘色　b 褐色

結束處
（留下30cm線尾）

段數	針數	加針減針
4～6	11	不加針不減針
3	11	筋編減5針
2	16	加8針
1	8	輪狀起針鉤短針

起針處

a　b

起針處

起針處

以樹幹所留下的線段，在樹葉第15段與第16段之間做接縫。

愛心 （P.44）

〈 使用的線材 〉

大 Hamanaka Amerry
粉紅色（27）…3g

小 Hamanaka Amerry F「普通粗細（合太）」
胭脂紅（509）…2g

▢ ＝大 粉紅色
小 胭脂紅

〈 其他材料 〉

手工藝棉花

〈 工具 〉

大 5/0號鉤針

小 4/0號鉤針

〈 製作方法 〉

① 先鉤A面愛心，留下20cm
線尾後剪線，以鎖針收尾。

② 以同樣的方式鉤B面愛心，
從第5段開始鉤針挑A面
最後一段針目，將兩片鉤織
在一起。

③ 填充棉花後拉緊毛線做出愛
心形狀，再以縮口縫收口。

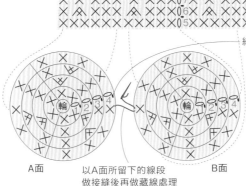

結束處（留下20cm線尾）

結束處（留下20cm線尾）

A面　B面

以A面所留下的線段
做接縫後再做藏線處理

起針處

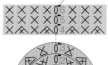 大

 小

段數	針數	加針減針
10	6	減6針
9	12	不加針不減針
8	12	減6針
7	18	不加針不減針
6	18	減4針
5	22	接合A面與B面
4	12	不加針不減針
3	12	每段加3針
2	9	
1	6	輪狀起針鉤短針

圓形樹木 （P.45、84）

〈 使用的線材 〉

Hamanaka Amerry

a 芥末綠色（33）…4g
褐色（49）…1g

b 黃綠色（13）…4g
淺褐色（8）…1g

〈 其他材料 〉

手工藝棉花

〈 工具 〉

5/0號鉤針

〈 製作方法 〉

① 鉤織樹葉，
填充棉花後以縮口縫收口。

② 鉤織樹幹後填充棉花，
再接縫樹葉與枝幹。

樹葉（a・b通用）▢ ＝a 芥末綠色　b 黃綠色

結束處（留下20cm線尾）

段數	針數	加針減針
10	12	每段減6針
9	18	
8	24	
6、7	30	不加針不減針
5	30	每段加6針
4	24	
3	18	
2	12	加4針
1	8	輪狀起針鉤短針

樹幹（a・b通用）

▢ ＝a 褐色　b 淺褐色

結束處（留下30cm線尾）

a  b

以樹幹所留下的
線段，在樹葉的
第10段做接縫。

起針處

起針處

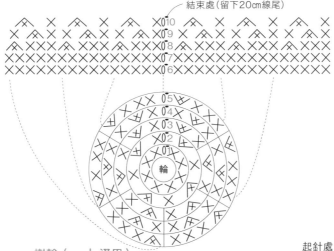

段數	針數	加針減針
5、6	7	不加針不減針
4	7	減4針
3	11	筋編減5針
2	16	加8針
1	8	輪狀起針鉤短針

魚　（P.56）

〈 使用的線材 〉

Hamanaka Amerry
淺灰色（1）… 2g
藍灰色（29）… 1g
藍色（16）… 1g
水藍色（45）… 1g

〈 其他材料 〉

手工藝棉花

〈 工具 〉

5/0號鉤針

〈 製作方法 〉

① 鉤織本體，填充棉花後，將魚尾開口
　對齊縫合。

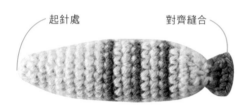

起針處　　　　　對齊縫合

結束處（留下20cm線尾）

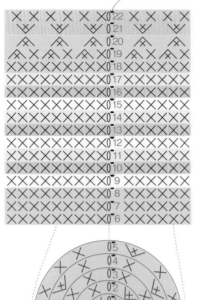

	=淺灰色
	=藍灰色
	=藍色
	=水藍色

段數	針數	加針減針
22	10	不加針不減針
21	10	加5針
20	5	每段減5針
19	10	
6～18	15	不加針不減針
5	15	每段加3針
4	12	
3	9	不加針不減針
2	9	加3針
1	6	輪狀起針鉤短針

草莓　（P.57）

〈 使用的線材 〉

Hamanaka itoa
毛線娃娃專用線
紅色（306）… 2g
綠色（311）… 1g
白色（301）… 50cm

〈 其他材料 〉

手工藝棉花

〈 工具 〉

4/0號鉤針

〈 製作方法 〉

① 鉤織草莓果實，填充棉
　花後以縮口縫收口。
② 鉤織蒂頭。
③ 以蒂頭織片所留下的線
　段，將蒂頭接縫在草莓
　果實上，並用同一條線
　接縫蒂頭的5個端點。
④ 取1條線在草莓果實上
　做直針繡，做出種子的
　圖案。

果實　▨ =紅色　　結束處（留下20cm線尾）

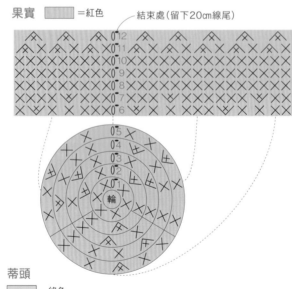

段數	針數	加針減針
12	8	每段減8針
11	16	
8～10	24	不加針不減針
7	24	每段加3針
6	21	
5	18	
4	15	
3	12	
2	9	
1	6	輪狀起針鉤短針

蒂頭
▨ =綠色　　結束處
（留下30cm線尾）

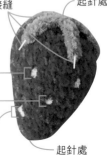

接縫　　起針處

在第8段每間隔4～5針處
做直針繡（2次）

在第6段每間隔3～4針處
做直針繡（2次）

用白色線在第4段
每間隔3～4針處
做直針繡（2次）

起針處

橡實 （P.76）

〈 使用的線材 〉

Hamanaka Amerry F「普通粗細（合太）」
a 深褐色（519）···· 2g
　　深黃色（503）···· 1g
　　淺褐色（520）···· 1g
b 深褐色（519）···· 2g
　　橘色（506）···· 1g
　　淺褐色（520）···· 1g

〈 其他材料 〉

手工藝棉花

〈 工具 〉

4/0號鉤針

〈 製作方法 〉

① 鉤織果實，填充棉花後以縮口縫收口。
② 鉤織帽子，再鉤織好蒂頭並接縫在帽子上。
③ 將橡實果實與帽子接縫組合在一起。

帽子

▨ =a・b 深褐色
▧ =a 深黃色　b 橘色

段數	針數	加針減針
4～6	18	不加針不減針
3	18	每段加6針
2	12	
1	6	輪狀起針鉤短針

蒂頭

▨ =a・b 深褐色

結束處
（留下20cm線尾）

←1

起針處
（預留20cm線頭）

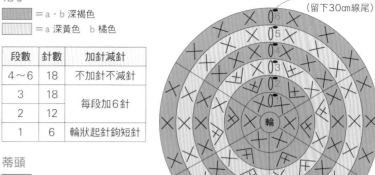

結束處
（留下30cm線尾）

以蒂頭所留下的線段，接縫在橡實果實的輪狀起針處。

起針處

a

起針處

果實

▧ =a・b 淺褐色

結束處
（留下20cm線尾）

6～9不加針不減針

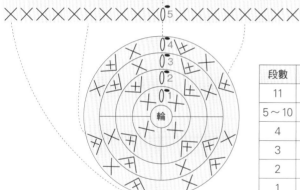

以帽子所留下的線段，在橡實果實的第8段與第9段之間，每間隔2針做1次接縫。

段數	針數	加針減針
11	9	減9針
5～10	18	不加針不減針
4	18	加6針
3	12	每段加4針
2	8	
1	4	輪狀起針鉤短針

起針處

b

葉片 （P.76）

〈 使用的線材 〉

Hamanaka Amerry
深綠色（34）···· 1g
黃綠色（13）···· 2m

〈 工具 〉

5/0號鉤針

〈 製作方法 〉

① 鉤織莖部。
② 接新線鉤織葉片。

葉片

▧ =深綠色

莖部

▢ =黃綠色

◁ 接線
◀ 剪線

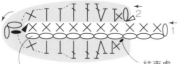

起針處
（預留10cm線頭）

結束處
（留下10cm線尾）

接新線鉤織葉片

起針處

💗 愛手作系列 043

原來這麼簡單！只要 7 堂！就能完成專屬自己的

鉤織毛線娃娃

作　　者／Ichikawa Miyuki
副總編輯／林巧玲
編　　輯／陳彔錞
翻　　譯／方嘉鈴
封面設計／N.H.Design
編輯排版／陳琬綾
發 行 人／張英利
出 版 者／大風文創股份有限公司
電　　話／02-2218-0701
傳　　真／02-2218-0704
網　　址／http://windwind.com.tw
E - M a i l ／ rphsale@gmail.com
Facebook ／大風文創粉絲團
http://www.facebook.com/windwindinternational
地　　址／231 台灣新北市新店區中正路 499 號 4 樓

台灣地區總經銷／聯合發行股份有限公司
電話／（02）2917-8022
傳真／（02）2915-6276
地址／231 新北市新店區寶橋路 235 巷 6 弄 6 號 2 樓

香港地區總經銷／豐達出版發行有限公司
電話／（852）2172-6533
傳真／（852）2172-4355
地址／香港柴灣永泰道 70 號 柴灣工業城 2 期 1805 室

初版二刷／2024 年 8 月
定價／新台幣 350 元

國家圖書館出版品預行編目 （CIP） 資料

原來這麼簡單！只要 7 堂！就能完成專屬自己的鉤織毛線娃娃 /Ichikawa Miyuki 作；方嘉鈴翻譯. -- 初版. -- 新北市 : 大風文創股份有限公司, 2023.09　面；　公分
譯自：あみぐるみ基本のきほん 7 つの LESSON でたのしく学べる
ISBN 978-626-96755-2-4(平裝)

1.CST: 編織 2.CST: 手工藝

426.4　　　　　　　　112003340

線上讀者問卷
關於本書任何建議與心得，
歡迎和我們分享。

https://reurl.cc/73yKyN

● 日方 Staff
攝　　影／福井裕子
書籍設計／加藤美保子
數位織圖／小池百合穗
校　　對／向井雅子
編　　輯／佐佐木純子、三角紗綾子（文化出版局）
日本語版發行人／濱田勝宏